高等院校计算机应用系列教材

大学计算机基础
实验教程

(Windows 7/10+Office 2016)

姜春峰 主编

清华大学出版社

北　京

内 容 简 介

　　计算机应用基础是一门理论和实践紧密结合的基础课程。本书是《大学计算机基础(Windows7/10+Office 2016)》的配套实验教材。全书共分 11 章，前 10 章分别介绍了计算思维与计算机技术、Windows 操作系统、Word 2016 的基本操作、文档的格式化与排版、Excel 2016 的基本操作、工作表的整理与分析、公式与函数的使用、PowerPoint 2016 的基本操作、演示文稿的设置与放映、计算机网络与信息安全等相关的实验训练，以帮助读者灵活、快速地掌握相关操作，每章末均给出思考与练习；第 11 章编制了五套实操性比较强的模拟试卷，以帮助读者检验相关知识的掌握程度。

　　本书内容丰富、结构清晰、语言简练、图文并茂，具有很强的实用性和可操作性，可作为高等院校计算机应用基础课程的实验实训教材，也可作为广大初、中级计算机用户的自学参考书。

图书在版编目(CIP)数据

　　大学计算机基础实验教程：Windows 7/10+Office 2016 / 姜春峰主编. —北京：清华大学出版社，2021.8
　　高等院校计算机应用系列教材
　　ISBN 978-7-302-58633-3

　　Ⅰ. ①大⋯　Ⅱ. ①姜⋯　Ⅲ. ①Windows 操作系统—高等学校—教材　②办公自动化—应用软件—高等学校—教材　Ⅳ. ①TP316.7 ②TP317.1

　　中国版本图书馆 CIP 数据核字(2021)第 142469 号

责任编辑：王　定
封面设计：周晓亮
版式设计：孔祥峰
责任校对：成凤进
责任印制：沈　露

出版发行：清华大学出版社
　　　　网　　　址：http://www.tup.com.cn，http://www.wqbook.com
　　　　地　　　址：北京清华大学学研大厦 A 座　　　　　邮　　编：100084
　　　　社 总 机：010-62770175　　　　　　　　　　　邮　　购：010-62786544
　　　　投稿与读者服务：010-62776969，c-service@tup.tsinghua.edu.cn
　　　　质 量 反 馈：010-62772015，zhiliang@tup.tsinghua.edu.cn
印 装 者：三河市少明印务有限公司
经　　销：全国新华书店
开　　本：185mm×260mm　　　印　　张：14.5　　　字　　数：343 千字
版　　次：2021 年 8 月第 1 版　　印　　次：2021 年 8 月第 1 次印刷
定　　价：48.00 元

产品编号：092477-01

前　言

随着计算机和信息技术的迅猛发展，科技进步日新月异，计算机相关技术在人类的生产生活和学习方面发挥着越来越重要的作用。计算机与人们的日常活动息息相关，是不可或缺的工作和生活工具。

计算机应用基础是一门理论和实践紧密结合的基础课程。本书是《大学计算机基础(Windows 7/10+Office 2016)》(ISBN：978-7-302-58613-5)的配套实验教材。通过本书的学习和应用，学生可以培养实践能力和处理实际问题方面的能力。

本书共分为 11 章，主要涉及计算机基础应用的相关实践操作，具体介绍如下：

章　　节	内 容 简 介
第 1 章 计算思维与计算机技术	主要介绍计算机硬件系统的选购、计算机的组装、BIOS 的设置、不同进制之间的转换等内容
第 2 章 Windows 操作系统	主要介绍安装 Windows 7 操作系统、查看硬件属性、设置 Windows 7 账户、设置 Windows 7 外观、在 Windows 7 中添加输入法、Windows 7 下的文件和文件夹操作、使用 Windows 7 写字板、在 Windows 7 中添加删除软件、在 Windows 7 中安装打印机等内容，Windows 10 系统下的相关设置和操作，可参照 Windwos 7 进行
第 3 章 Word 2016 的基本操作	主要介绍自定义 Word 2016 工作环境、创建 Word 文档、输入文本和符号、查找和替换文本、检查中文语法错误等内容
第 4 章 文档的格式化与排版	主要介绍设置 Word 文本和段落、图文混排 Word 文档、在 Word 中添加表格、设置文档页面布局、打印 Word 文档等内容
第 5 章 Excel 2016 的基本操作	主要介绍在 Excel 工作簿间移动工作表、输入表格数据、快速填充数据、查找和替换数据、拆分和冻结工作簿、打印电子表格、输入特殊数据等内容
第 6 章 工作表的整理与分析	主要介绍设置表格格式、设置行高和列宽、设置条件格式、进行数据排序、进行数据筛选、进行数据分类汇总、制作图表、制作数据透视表等内容
第 7 章 公式与函数的使用	主要介绍在 Excel 中输入公式、输入函数、使用名称、使用财务函数、使用逻辑函数、使用时间函数、使用查找函数等内容
第 8 章 PowerPoint 2016 的基本操作	主要介绍在 PowerPoint 中创建演示文稿、输入编辑文本、添加修饰元素等内容
第 9 章 演示文稿的设置与放映	主要介绍设置幻灯片母版、设置主题和背景、设计幻灯片动画、添加超链接和动作按钮、设置放映幻灯片、控制幻灯片放映等内容

(续表)

章　节	内　容　简　介
第 10 章　计算机网络与信息安全	主要介绍 Windows 7 中将计算机接入 Internet、使用 Window 7 的 IE 浏览器、使用 360 杀毒和安全卫士、Windows 7 系统中备份和还原数据、Windows 7 系统的备份和还原、使用 Windows 7 防火墙和自动更新等内容
第 11 章　模拟试卷	提供五套模拟试卷

　　本书注重理论知识与实践操作的紧密结合，章节结构完全按照教学大纲的要求来安排，符合教学需要和计算机用户的学习习惯，从而达到老师易教、学生易学的目的。

　　本书内容丰富、结构清晰、语言简练、图文并茂，具有很强的实用性和可操作性，可作为高等院校计算机应用基础课程的实验实训教材，也可作为广大初、中级计算机用户的自学参考书。

　　本书章节相关素材文件及参考答案可扫下列二维码下载。

素材文件

参考答案

编　者

2021 年 5 月

目　录

第 1 章

计算思维与计算机技术

☑ **本章概述**

计算机系统由硬件系统和软件系统组成,选购和组装硬件系统是学习计算机技术的基础。本章实训是在掌握计算思维与算法,理解计算机中数据的表示与存储后,针对硬件系统的相关知识进行训练与学习。

☑ **实训重点**

- 模拟选购计算机硬件系统
- 组装计算机
- 设置计算机主板 BIOS
- 各进制之间的转换

实验一 模拟选购计算机硬件系统

☑ **实验目的**

- 学会选购不同规格和不同需求的计算机硬件
- 了解计算机各硬件的性能和兼容性

☑ **知识准备与操作要求**

- 掌握计算机硬件的相关知识,了解计算机硬件的组成
- 掌握计算机各硬件的性能指标及兼容性

☑ **实验内容与操作步骤**

在计算机销售市场要一份计算机的最新报价单,根据实验目的分别模拟配置一台办公用计算机(2000 元左右)、一台家用计算机(4000 元左右)和一台顶级计算机(10000 元左右)。选购硬件时应注意 CPU 和主板的匹配,以及各配件之间的兼容性和后期硬件的升级需求。

(1) 在计算机销售市场要一份计算机的最新报价单。

(2) 根据实验目的分别选购计算机各配件，在网上了解 CPU 和主板的性能参数并选购，然后选购其他配件，如显卡、内存条、硬盘等。

(3) 根据不同规格计算机的选购和配置要求列出详细配置表，包括配件的型号、单价及选购计算机的总价等，如表 1-1 所示。

表 1-1　计算机硬件配置表

硬件名称	品牌型号	单价	功能简介
CPU			
主板			
内存			
显卡			
硬盘	r	r^j	
显示器			
机箱			
电源			
键盘			
鼠标			
音箱			
光驱			
总计			

(4) 将购买回的计算机配件分别存放，以备装机使用。

实验二　组装计算机

☑ 实验目的

- 学会将选购的计算机配件进行组装

☑ 知识准备与操作要求

- 检查计算机配件是否齐全，熟悉计算机硬件系统
- 准备安装时需要的工具，如螺丝刀、尖嘴钳、镊子等
- 熟悉组装时的注意事项，如拿放和安装配件的力度和方向、提前释放自己身上的静电等
- 准备软件系统

☑ 实验内容与操作步骤

首先将选购的计算机配件包装拆卸完成后放置好配件，然后检查组装计算机时需要的工具是否完整，最后消除身上的静电并进行组装。

1. 安装 CPU

(1) 从主板的包装袋中取出主板，并放在工作台上，在其下方垫一块塑料布，如图 1-1 所示。

(2) 将 CPU 插座上的固定拉杆拉起，并掀开用于固定 CPU 的盖子，如图 1-2 所示。

图 1-1 取出主板

图 1-2 掀开固定 CPU 的盖子

(3) 将 CPU 插入插槽中，要注意 CPU 针脚的方向，如图 1-3 所示。在将 CPU 插入插槽时，应将 CPU 正面的三角标记对准主板 CPU 插座上的三角标记，再将 CPU 插入主板插座。

(4) 放下 ZIF 插槽上的锁杆，锁紧 CPU，即可完成 CPU 的安装操作，如图 1-4 所示。

图 1-3 插入 CPU

图 1-4 固定锁杆

2. 安装 CPU 散热器

(1) 在 CPU 上均匀涂抹一层预先准备好的硅脂，若发现有涂抹不均匀的地方，可以用手指将其摸平。这样有助于将热量由处理器传导至 CPU 风扇上，如图 1-5 所示。

(2) 将 CPU 风扇的四角对准主板上相应的位置后，用力压下其四角的扣具即可，如图 1-6 所示。不同 CPU 风扇的扣具并不相同，有些 CPU 风扇的四角扣具采用螺丝设计，安装时还需要在主板上安装相应的螺母。

图 1-5　涂抹硅脂

图 1-6　安装风扇

(3) 在确认将风扇固定在 CPU 上后，将风扇的电源接头连接到主板的供电接口上，如图 1-7 所示。主板上供电接口的标志为 CPU_FAN，用户在连接 CPU 风扇电源时应注意的是，目前有三针和四针等几种不同的风扇接口，且主板上有防差错接口设计，如果发现无法将风扇电源接头插入主板供电接口，观察一下接头的正反和类型即可。

图 1-7　连接风扇电源

3. 安装内存

(1) 主板上的内存插槽一般采用两种不同颜色来区分双通道和单通道，如图 1-8 所示。将两条规格相同的内存插入到主板上相同颜色的内存插槽中，即可以打开主板的双通道功能。

(2) 在安装内存时，先用手将内存插槽两端的扣具打开，然后将内存平行放入内存插槽中，如图 1-9 所示，最后用两拇指按住内存两端轻微向下压，听到"啪"的一声响后，即说明内存安装到位。

图 1-8　内存插槽

图 1-9　安装内存

4. 安装主板

(1) 目前,市场上常见的主板为 ATX 或 MATX 结构,机箱的设计一般都符合这两种标准。在安装主板之前,应先将机箱提供的主板垫脚螺母放置到机箱主板托架的对应位置,如图 1-10 所示。

机箱

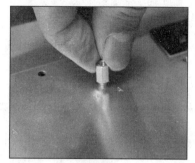
放置螺母

图 1-10 安装垫脚螺母

(2) 双手平托主板,将其放入机箱,如图 1-11 所示。

(3) 确认主板的 I/O 接口安装到位,如图 1-12 所示。

图 1-11 将主板放入机箱

图 1-12 确认 I/O 接口

(4) 拧紧主板螺丝,将主板固定在机箱上。在装螺丝时,注意每颗螺丝不要一开始就拧紧,等全部螺丝安装到位后,再将每粒螺丝拧紧,这样做的好处是随时可以在安装过程中对主板的位置进行调整。

完成以上操作后,主板被牢固地固定在机箱中。至此,计算机的三大主要配件(主板、CPU 和内存)安装完毕。

5. 安装硬盘

(1) 机箱上的 3.5 寸硬盘托架设计有相应的扳手,拉动扳手即可将硬盘托架从机箱中取下,如图 1-13 所示。有些机箱的硬盘托架是固定在机箱上的,若用户采用了此类机箱,可将硬盘直接插入硬盘托架后,再固定两侧的螺丝,将硬盘装入硬盘托架。

(2) 取出硬盘托架后,将硬盘装入托架,如图 1-14 所示。

(3) 使用螺丝将硬盘固定在硬盘托架上,如图 1-15 所示。硬盘托架边缘有一排预留的螺丝孔,用户可以根据需要调整硬盘与托架螺丝孔对齐后再上螺丝。

图 1-13　取出硬盘托架

图 1-14　装入硬盘

(4) 将硬盘托架重新装入机箱，并把固定扳手拉回原位固定好硬盘托架，如图 1-16 所示。

图 1-15　固定硬盘

图 1-16　固定硬盘托架

(5) 检查硬盘托架与其中的硬盘是否被牢固地固定在机箱中。

6. 安装光驱

(1) 在计算机中安装光驱的方法与安装硬盘类似，用户只要将机箱中的 4.25 寸托架的面板拆除，然后将光驱推入机箱并拧紧光驱侧面的螺丝即可。

(2) 成功安装光驱后，用户只要检查其没有被装反即可。

7. 安装电源

(1) 将计算机电源从包装中取出，如图 1-17 所示。

(2) 将电源放入机箱为电源预留的托架中，如图 1-18 所示。注意电源线所在的面应朝向机箱的内侧。

图 1-17　电源

图 1-18　安装电源

(3) 完成以上操作后，用螺丝将电源固定在机箱上即可。

7. 安装显卡

(1) 在主板上找到 PCI-E 插槽，如图 1-19 所示。

(2) 用手轻握显卡两端，垂直对准主板上的显卡插槽，将其插入主板的 PCI-E 插槽中，如图 1-20 所示。

图 1-19　PCI-E 插槽　　　　　　　　　　图 1-20　插入显卡

8. 连接数据线

目前，常见的数据线有 SATA 数据线与 IDE 数据线两种。用户可以参考下面所介绍的方法，连接计算机内部的数据线。

(1) 将 IDE 数据线的一头与主板上的 IDE 接口相连，如图 1-21 所示。IDE 数据线接口上有防插反凸块，在连接 IDE 数据线时，用户只需要将防插反凸块对准主板 IDE 接口上的凹槽即可。

IDE 数据线　　　　　　　　　主板 IDE 接口

图 1-21　连接主板 IDE 接口

(2) 将 IDE 数据线的另一头与光驱后的 IDE 接口相连，如图 1-22 所示。

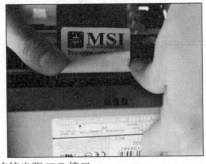

图 1-22　连接光驱 IDE 接口

(3) 将 SATA 数据线的一头与主板上的 SATA 接口相连，如图 1-23 所示。

ATA 数据线

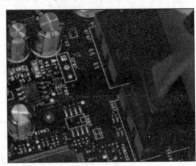

主板 SATA 接口

图 1-23　连接主板 SATA 接口

(4) 将 SATA 数据线的另一头与硬盘上的 SATA 接口相连。

9. 连接电源线

(1) 将电源盒引出的 24pin 电源插头插入主板上的电源插座中，如图 1-24 所示。目前大部分主板电源接口为 24pin，但也有部分主板采用 20pin 电源，用户在选购电源和主板时应注意这一点。

(2) CPU 供电接口部分采用 4pin(或 6pin、8pin)的加强供电接口设计，用户将其与主板上相应的电源插座相连即可，如图 1-25 所示。

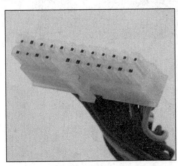

主板电源线

主板电源

图 1-24　连接主板电源

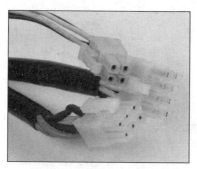

4pin、6pin 和 8pin 电源接口　　　　　　　CPU 供电电源

图 1-25　连接 CPU 供电电源

(3) 将 SATA 设备电源接口与计算机硬盘的电源插槽相连，如图 1-26 所示。SATA 接口设备的电源接口与 IDE 设备的电源接口不一样，用户在连接电源线时应注意这一点。

SATA 硬盘电源接口　　　　　　　　　　硬盘电源

图 1-26　连接 SATA 硬盘电源

(4) 将电源线上的普通四针梯形电源接口插入光驱背后的电源插槽中，如图 1-27 所示。

普通四针梯形电源接口　　　　　　　　　光驱电源

图 1-27　连接光驱电源

10. 连接控制线

在连接完数据线与电源线后，会发现机箱内还有许多细线插头(跳线)，将这些细线插头连接到主板对应位置的插槽中后，即可使用机箱前置的 USB 接口以及其他控制按钮，如图 1-28 所示。

控制线连接到插槽   机箱面板控制线

图 1-28 连接控制线

11. 连接显示器

显示器是计算机的主要 I/O 设备之一，它通过一条视频信号线与计算机主机上的显卡视频信号接口连接。常见的显卡视频信号接口有 VGA、DVI 与 HDMI 3 种，显示器与主机之间所使用的视频信号线一般为 VGA 视频信号线和 DVI 视频信号线，如图 1-29 和图 1-30 所示。

VGA 线   VGA 插头

图 1-29 VGA 视频信号线

DVI 线   DVI 插头

图 1-30 DVI 视频信号线

连接主机与显示器时，使用视频信号线的一头与主机上的显卡视频信号插槽连接，将另一头与显示器背面视频信号插槽连接即可。

注意：

除了 VGA 接口和 DVI 接口以外，有些计算机显卡允许用户使用 HDMI 接口(高清晰度多媒体接口)与显示器相连，用户可以在显卡配件中找到相应的 HDMI 连接线。

12. 连接鼠标和键盘

目前，台式计算机常用的鼠标和键盘有 USB 接口与 PS/2 接口两种。其中，USB 接口的键盘、鼠标与计算机主机背面的 USB 接口相连，PS/2 接口的键盘、鼠标与主机背面的 PS/2 接口相连(一般情况下鼠标与主机上的绿色 PS/2 接口相连，键盘与紫色 PS/2 接口相连)，如图 1-31 所示。

连接 PS/2 键盘　　　　　　　　　　　　　连接 USB 鼠标

图 1-31　连接鼠标和键盘

实验三　设置计算机主板 BIOS

☑ 实验目的

- 进入计算机主板 BIOS 设置界面
- 通过 BIOS 查看计算机硬件参数
- 掌握 BIOS 基本设置

☑ 知识准备与操作要求

- BIOS 为计算机基本输入输出系统，是硬件与软件之间的第一个转换器，负责检查 CPU、内存等硬件设备是否异常，能直接控制硬件的汇编语言编写
- BIOS 是用来完成系统参数设置与修改的工具，CMOS 是设定系统参数的硬件存放场所
- 不同主板或不同品牌的计算机进入 BIOS 的快捷按键各不相同，可从其说明书得知

☑ 实验内容与操作步骤

常见计算机使用较多的 BIOS 类型主要有 AWARD BIOS 与 AMI BIOS 两种，其中 AWARD BIOS 是目前主板使用最多的 BIOS 类型。AWARD BIOS 功能较为齐全，支持许多新硬件，界面如图 1-32 所示。

AMI BIOS 是 AMI 公司出品的 BIOS 系统软件。它对各种软、硬件的适应性好，能保证系统性能的稳定。AMI BIOS 的界面如图 1-33 所示。

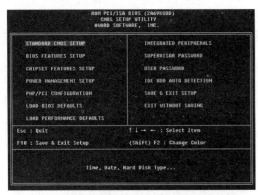

图 1-32　AWARD BIOS 界面

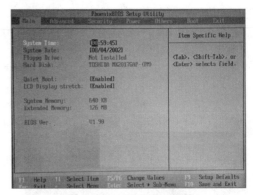

图 1-33　AMI BIOS 界面

除此之外，有些主板还提供专门的图形化 BIOS 设置界面，这里不详细阐述。

在启动计算机时按下特定的快捷键即可进入 BIOS 设置程序(界面)，不同类型的计算机进入 BIOS 设置程序的快捷键不同，有的计算机会在屏幕上给出提示。BIOS 设置程序的进入方式如下。

- AWARD BIOS：启动计算机时，按 Del 键进入。
- AMI BIOS：启动计算机时，按 Del 键或 Esc 键进入。

下面以 AWARD BIOS 设置界面(如图 1-32 所示)为例完成本节实验，用键盘上的方向键"←""↑""→""↓"移动光标选择界面上的选项，然后按 Enter 键进入子菜单，用 Esc 键返回父菜单，用 Page Up 和 Page Down 键选择具体选项。

(1) 进入 BIOS 设置的主界面后，使用"↓"方向键，选择 Advanced BIOS Features 选项，如图 1-34 所示。

(2) 按 Enter 键，进入 Advanced BIOS Features 选项的设置界面，默认选中 First Boot Device 选项，如图 1-35 所示。

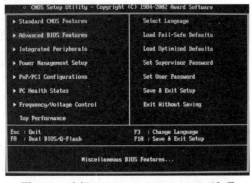

图 1-34　选择 Advanced BIOS Features 选项

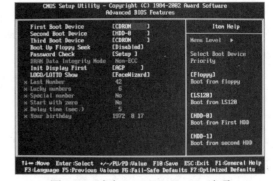

图 1-35　选中 First Boot Device 选项

(3) 按 Enter 键，打开 First Boot Device 选项的设置界面，使用"↑""↓"方向键选择 CD-ROM 选项，如图 1-36 所示，按 Enter 键确认设置光驱为第一启动设备。

(4) 返回 BIOS 设置主界面，选择 Save & Exit Setup 选项。按 Enter 键，打开保存提示框，询问是否需要保存。输入 Y，按 Enter 键确认保存并退出 BIOS，自动重新启动计算机，如

图 1-37 所示。

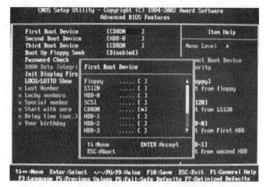

图 1-36　设置计算机的第一启动设备为光驱

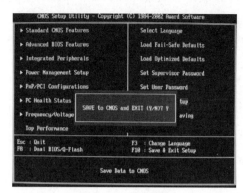

图 1-37　保存设置

实验四　各进制之间的转换

☑ 实验目的

- 了解数制转换的基本方法
- 非十进制数转换成十进制数
- 二进制数、八进制数及十六进制数的相互转换

☑ 知识准备与操作要求

- 计算机运算结果输出时,需要把二进制数转换回十进制数,这种数制之间的相互转换过程在计算机内部频繁进行
- 非十进制数转换成十进制数和十进制数转换成非十进制数
- 二进制数、十六进制数、八进制的互相转换

☑ 实验内容与操作步骤

计算机内部使用的是二进制数,但人们已习惯使用十进制数,要把十进制数输入计算机中参与运算,必须将其转换成二进制数。虽然计算机中有专门的程序可自动进行这些转换工作,但仍有必要了解数制转换的基本方法,如非十进制数与十进制数间的转换,二进制数、八进制数及十六进制数的互相转换。

1. 将八进制数 456.12 转换成十进制数

$$(456.12)_8 = 4 \times 8^2 + 5 \times 8^1 + 6 \times 8^0 + 1 \times 8^{-1} + 2 \times 8^{-2}$$
$$= 256 + 40 + 6 + 0.125 + 0.03125$$
$$= (302.15625)_{10}$$

2. 将十进制数 29.6875 转换成二进制数

(1) 整数部分 29 转换过程如下：

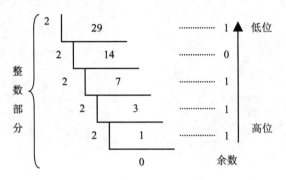

(2) 整数部分一直除到商为 0 为止，每次得到的余数即二进制数码，先得到的余数排在低位，后得到的余数排在高位。整数部分 $(29)_{10}=(11101)_2$。

(3) 小数部分 0.6875 逐次乘 2 取整，转换过程如下：

$$
\begin{array}{r}
0.6875 \\
\times \quad 2 \\
\hline
1. \quad 3750 \\
\times \quad 2 \\
\hline
0. \quad 7500 \\
\times \quad 2 \\
\hline
1. \quad 5000 \\
\times \quad 2 \\
\hline
1. \quad 0000 \\
\end{array}
$$

小数部分：高位 → 低位

(4) 小数部分一直乘到得数为整数为止，每次得到的整数部分即二进制数码，先得到的排在高位，后得到的排在低位。小数部分 $(0.6875)_{10}=(1011)_2$。

(5) 故 $(29.6875)_{10}=(11101.1011)_2$。

3. 将八进制数 2467.32 转换成二进制数

将八进制数的每位数码依次用 3 位二进制数代替，即得

$(2467.32)_8=(010100110111.011010)_2=(10100110111.01101)_2$

4. 将十六进制数 35A2.CF 转换成二进制数

将十六进制数的每位数码依次用 4 位二进制数代替，即得

$(35A2.CF)_H=(11\ 0101\ 1010\ 0010.1100\ 1111)_2$

思考与练习

一、判断题(正确的在括号内填 Y，错误则填 N)

1. 计算机的硬件系统由运算器、控制器、存储器、输入和输出设备组成。　　　(　　)

2. USB 接口是一种数据的高速传输接口，通常连接的设备有移动硬盘、U 盘、鼠标、扫描仪等。　　　(　　)

3. 计算机辅助设计和计算机辅助制造的英文缩写分别是 CAM 和 CAD。　　　(　　)

4. 在计算机中，由于 CPU 与主存储器的速度差异较大，常用的解决办法是使用高速的静态存储器 SRAM 作为主存储器。　　　(　　)

5. 微型计算机中硬盘工作时，应特别注意避免强烈震动。　　　(　　)

6. 未来的计算机将是半导体、超导、光学、仿生等多种技术相结合的产物。　　(　　)

7. 在计算机中，定点数表示法中的小数点是隐含约定的，而浮点数表示法中的小数点位置是浮动的。　　　(　　)

8. 软盘、硬盘、光盘都是外部存储器。　　　(　　)

9. 计算机的发展经历了四代，"代"的划分是根据计算机的运算速度来划分。　(　　)

10. 计算机中存储器存储容量的最小单位是字。　　　(　　)

11. RAM 中的数据并不会因关机或断电而丢失。　　　(　　)

12. 当微机出现死机时，可以按机箱上的 RESET 键重新启动，而不必关闭主电源。　　　(　　)

13. 指令和数据在计算机内部都是以拼音码形式存储的。　　　(　　)

14. 计算机常用的输入设备为键盘、鼠标，常用的输出设备有显示器、打印机。(　　)

15. PC 机中用于视频信号数字化的插卡称为显卡。　　　(　　)

16. 制作多媒体报告可以使用 PowerPoint。　　　(　　)

17. 在计算机内部，一切信息存取、处理和传递的形式是 ASCII 码。　　　(　　)

18. 指令是控制计算机工作的命令语言，计算机的功能通过指令系统反映出来。(　　)

19. 智能化不是计算机的发展趋势。　　　(　　)

20. CPU 与内存的工作速度几乎差不多，增加 Cache 只是为了扩大内存的容量。(　　)

21. 存储单元的内容可以多次读出，其内容保持不变。　　　(　　)

22. 在 Windows 中可以没有键盘，但不能没有鼠标。　　　(　　)

23. 现在使用的计算机字长都是 32 位。　　　(　　)

24. 运算器只能运算，不能存储信息。　　　(　　)

25. 操作系统既是硬件与其他软件的接口，又是用户与计算机之间的接口。　(　　)

26. 在计算机的各种输入设备中，只有键盘能输入汉字。　　　(　　)

27. 计算机的性能不断提高，体积和重量不断加大。　　　(　　)

28. 所有的十进制数都可以精确转换为二进制数。　　　(　　)

29. PC 机的主板上有电池，它的作用是在计算机断电后给 CMOS 芯片供电，保持芯片中的信息不丢失。　　　　　　　　　　　　　　　　　　　　　　　　　（　　）

30. 计算机目前最主要的应用还是数值计算。　　　　　　　　　　　　　　　（　　）

31. 程序一定要调入主存储器中才能运行。　　　　　　　　　　　　　　　　（　　）

32. 能自动连续地进行运算是计算机区别于其他计算装置的特点，也是冯·诺依曼型计算机存储程序原理的具体体现。　　　　　　　　　　　　　　　　　　　　　（　　）

33. 具有多媒体功能的微型计算机系统，常用 CD-ROM 作为外存储器，它是可读可写光盘。　　　　　　　　　　　　　　　　　　　　　　　　　　　　　　　（　　）

34. 一个 CPU 所能执行的全部指令的集合，构成该 CPU 的指令系统。每种类型的 CPU 都有自己的指令系统。　　　　　　　　　　　　　　　　　　　　　　　　（　　）

35. 计算机的外部设备是指计算机的输入设备和输出设备。　　　　　　　　　（　　）

36. 微处理器能直接识别并执行的命令语言称为汇编语言。　　　　　　　　　（　　）

37. 一台没有软件的计算机，我们称之为"裸机"。"裸机"在没有软件的支持下，不能产生任何动作，不能完成任何功能。　　　　　　　　　　　　　　　　　　（　　）

38. 可以在带电状态下插拔接口卡。　　　　　　　　　　　　　　　　　　　（　　）

39. 不同厂家生产的计算机一定互相不兼容。　　　　　　　　　　　　　　　（　　）

40. 计算机必须要有主机、显示器、键盘和打印机这四部分才能进行工作。　（　　）

二、单选题

1. 将内存中的数据传送到计算机硬盘的过程，称为(　　)。
   A. 显示　　　　　　B. 读盘　　　　　　C. 输入　　　　　　D. 写盘

2. 配置高速缓冲存储器(Cache)是为了解决(　　)。
   A. 内存与辅存之间速度不匹配问题
   B. CPU 与辅存之间速度不匹配问题
   C. CPU 与内存储器之间速度不匹配问题
   D. 主机与外设之间速度不匹配问题

3. 个人计算机属于(　　)。
   A. 小巨型机　　　B. 小型计算机　　　C. 微型计算机　　　D. 小型工作站

4. CPU 的中文含义是(　　)。
   A. 主机　　　　　B. 中央处理器　　　C. 运算器　　　　　D. 控制器

5. 电子计算机的发展已经历了四代，四代计算机的主要元器件分别是(　　)。
   A. 电子管，晶体管，中、小规模集成电路，激光器件
   B. 电子管，晶体管，中、小规模集成电路，大规模集成电路
   C. 晶体管，中、小规模集成电路，激光器件，光介质
   D. 电子管，数码管，中、小规模集成电路，激光器件

6. 第一代计算机所使用的计算机语言是( )。

    A. 高级程序设计语言　　　　　　　　B. 机器语言

    C. 数据库管理系统　　　　　　　　　D. BASIC

7. 下列各组设备中，完全属于外部设备的一组是( )。

    A. 内存储器、磁盘和打印机　　　　　B. CPU、软盘驱动器和 RAM

    C. CPU、显示器和键盘　　　　　　　D. 硬盘、软盘驱动器和键盘

8. 在计算机内部，信息的表现形式是( )。

    A. ASCII 码　　　　B. 二进制码　　　　C. 拼音码　　　　D. 汉字内码

9. 微机的常规内存储器的容量为 640KB，这里的 1 KB 是( )。

    A. 1024 字节　　　　B. 1000 字节　　　　C. 1024 比特　　　　D. 1000 比特

10. 下面关于存储器的叙述中正确的是( )。

    A. CPU 能直接访问内存中的数据，也能直接访问外存中的数据

    B. CPU 不能直接访问内存中的数据，能直接访问外存中的数据

    C. CPU 只能直接访问内存中的数据，不能直接访问外存中的数据

    D. CPU 既不能直接访问内存中的数据，不能直接访问外存中的数据

11. 通用键盘 F 和 J 键上均有凸起，这两个键就是左右手( )的位置。

    A. 拇指　　　　B. 食指　　　　C. 中指　　　　D. 无名指

12. 第一代计算机使用的电子元件是( )。

    A. 电子管　　　　B. 晶体管　　　　C. 集成电路　　　　D. 超大规模集成电路

13. 在计算机技术指标中，MIPS 用来描述计算机的( )。

    A. 运算速度　　　　B. 时钟主频　　　　C. 存储容量　　　　D. 字长

14. 组成微型计算机中央处理器的是( )。

    A. 内存和控制器　　　　　　　　　　B. 内存和运算器

    C. 内存、控制器、运算器　　　　　　D. 控制器和运算器

15. 若运行中突然掉电，则微机( )会全部丢失。

    A. ROM 和 RAM 中的信息　　　　　　B. ROM 中的信息

    C. RAM 中的数据和程序　　　　　　　D. 硬盘中的信息

16. 计算机辅助设计的英文缩写是( )。

    A. CAI　　　　B. CAM　　　　C. CAD　　　　D. CAT

17. 计算机辅助教学的英文缩写是( )。

    A. CAI　　　　B. CAM　　　　C. CAD　　　　D. CAE

18. 按照计算机应用的分类，模式识别属于( )。

    A. 科学计算　　　　B. 人工智能　　　　C. 实时控制　　　　D. 数据处理

19. 下列存储器中，存取速度最快的是( )。

    A. 内存储器　　　　B. 光盘　　　　C. 硬盘　　　　D. 软盘

20. 微型计算机完成各种算术运算和逻辑运算的部件称为( )。

    A. 控制器　　　　B. 寄存器　　　　C. 运算器　　　　D. 加法器

21. 控制器(单元)的基本功能是(   )。

    A. 进行算术和逻辑运算   B. 存储各种控制信息

    C. 保持各种控制状态   D. 控制计算机各部件协调一致地工作

22. 与十进制数 100 等值的二进制数是(   )。

    A. 10011   B. 1100100   C. 1100010   D. 1100110

23. 下列叙述中，正确的是(   )。

    A. CPU 能直接读取硬盘上的数据   B. CPU 能直接存取内存储器中的数据

    C. CPU 由存储器和控制器组成   D. CPU 主要用来存储程序和数据

24. RAM 的特点是(   )。

    A. 断电后，存储在其内的数据将会丢失

    B. 存储在其内的数据将永久保存

    C. 用户只能读出数据，但不能随机写入数据

    D. 容量大但存取速度慢

25. 巨型计算机指的是(   )的计算机。

    A. 体积大   B. 重量大   C. 功能强   D. 耗电量大

26. 一个完整的计算机系统应包括两大部分，它们是(   )。

    A. 主机和键盘   B. 主机和显示器

    C. 硬件系统和软件系统   D. 操作系统和应用软件

27. 计算机的软件系统可分(   )。

    A. 程序和数据   B. 操作系统和语言处理系统

    C. 程序、数据和文档   D. 系统软件和应用软件

28. 正确击键时，左手食指主要负责的基本键位是(   )。

    A. D   B. F   C. H   D. J

29. 微型计算机的内存储器是(   )。

    A. 按二进制位编址   B. 按字节编址

    C. 按十进制位编址   D. 按字长编址

30. 由于突然停电原因造成 Windows 操作系统非正常关闭，那么(   )。

    A. 再次开机启动时必须修改 CMOS 设定

    B. 再次开机启动时必须使用软盘启动盘，系统才能进入正常状态

    C. 再次开机启动时，大多数情况下系统自动修复由停电造成损坏的程序

    D. 再次开机启动时，系统只能进入 DOS 操作系统

31. 某编码方案用 10 位二进制数进行编码，最多可编(   )个码。

    A. 1000   B. 10   C. 1024   D. 256

32. 在下列 4 个无符号十进制整数中，能用 8 个二进制数位表示的是(   )。

    A. 256   B. 211   C. 345   D. 396

33. 对于 R 进制数，在每一位上的数字可以有(   )种。

    A. R   B. R-1   C. R+1   D. R/2

34. 组成微型计算机硬件系统的是(　　)。

    A. CPU、存储器、输入设备、输出设备

    B. 运算器、控制器、存储器、键盘、鼠标

    C. CPU、键盘、软盘、显示器、打印机

    D. CPU、外存、输入设备、输出设备

35. 字符 a 的 ASCII 码为十进制数 97，那么字符 b 所对应的十六进制数值是(　　)。

    A. 133O   B. 1011101B   C. 98D   D. 62H

36. 二进制数 1100111101101 的十六进制数表示是(　　)。

    A. 1E9CH   B. 1CE1H   C. 19EDH   D. 39E1H

37. 下列存储介质中，CPU 能直接访问的是(　　)。

    A. 内存储器   B. 硬盘   C. 软盘   D. 光盘

38. 十六进制数 45D 的十进制数表示是(　　)。

    A. 1067   B. 1117   C. 1352   D. 1332

39. 微型计算机中，ROM 的中文意思是(　　)。

    A. 内存储器   B. 随机存储器   C. 只读存储器   D. 高速缓存

40. 第三代计算机采用的逻辑器件是(　　)。

    A. 晶体管   B. 中、小规模集成电路

    C. 大规模集成电路   D. 微处理器集成电路

第 2 章

Windows操作系统

☑ 本章概述

计算机操作系统是计算机系统中最核心的部分，是管理计算机硬件的内核，提供了用户与系统交互的操作界面。本章将介绍安装 Windows 7 操作系统、设置 Windows 7 账户、管理文件等操作内容，Windows 10 操作系统的安装与设置等相关内容，可参照 Windows 7 进行。

☑ 实训重点

- 安装 Windows 7 操作系统
- 查看系统硬件属性的方法
- 设置 Windows 7 账户
- 设置 Windows 7 外观
- Windows 7 中添加输入法
- Windows 7 下的文件和文件夹操作
- 使用 Windows 7 写字板
- 在 Windows 7 中添加删除软件
- 在 Windows 7 中安装打印机

实验一　安装 Windows 7 操作系统

☑ 实验目的

- 学会安装 Windows 7 操作系统

☑ 知识准备与操作要求

- 使用 Windows 7 安装光盘安装系统

☑ 实验内容与操作步骤

若需要通过光盘启动安装 Windows 7，应重新启动计算机并将光驱设置为第一启动盘，然后使用 Windows 7 安装光盘引导完成系统的安装操作。

(1) 将计算机的启动方式设置为光盘启动，然后将光盘放入光驱中。重新启动计算机后，系统将开始加载文件，如图 2-1 所示。

(2) 文件加载完成后，系统将打开界面，用户可选择要安装的语言、时间和货币格式以及键盘和输入方法等。选择完成后，单击【下一步】按钮，如图 2-2 所示。

图 2-1　加载安装文件　　　　　　　　图 2-2　选择安装语言、时间等

(3) 打开如图 2-3 所示的界面，单击【现在安装】按钮。

(4) 打开【请阅读许可条款】界面，在该界面中必须选中【我接受许可条款】复选框，并单击【下一步】按钮，继续安装系统，如图 2-4 所示。

图 2-3　单击【现在安装】按钮　　　　图 2-4　选中【我接受许可条款】复选框

(5) 打开【您想进行何种类型的安装】界面，单击【自定义(高级)】按钮，如图 2-5 所示。

(6) 选择要安装的目标分区，单击【下一步】按钮，如图 2-6 所示。

图 2-5　单击【自定义(高级)】按钮　　　图 2-6　选择要安装的目标分区

(7) 开始复制文件并安装 Windows 7，该过程需要 15~25min。在安装的过程中，系统会多次重新启动，用户无须参与，如图 2-7 所示。

(8) 打开界面，设置用户名和计算机名称，然后单击【下一步】按钮，如图 2-8 所示。

图 2-7　开始复制文件安装　　　　　　　图 2-8　设置用户名和计算机名称

(9) 打开设置账户密码界面，也可以不设置，直接单击【下一步】按钮，如图 2-9 所示。

(10) 输入产品密钥，单击【下一步】按钮，如图 2-10 所示。

图 2-9　设置账户密码　　　　　　　　　图 2-10　输入产品密钥

(11) 设置 Windows 更新，选择【使用推荐设置】选项，如图 2-11 所示。

(12) 设置系统的日期和时间，保持默认设置即可，单击【下一步】按钮，如图 2-12 所示。

图 2-11　选择【使用推荐设置】选项　　　图 2-12　设置系统的日期和时间

(13) 设置计算机的网络位置，其中共有【家庭网络】【工作网络】和【公用网络】3 种选择，此处选择【家庭网络】选项，如图 2-13 所示。

(14) Windows 7 会启用刚刚的设置，并显示如图 2-14 所示的界面。

图 2-13　选择【家庭网络】选项

图 2-14　显示界面

(15) 稍等片刻后，系统打开 Windows 7 的登录界面，输入正确的登录密码后，按下 Enter 键，如图 2-15 所示。

(16) 显示如图 2-16 所示的桌面，用户即可使用 Windows 7 系统进行操作。

图 2-15　输入登录密码

图 2-16　显示 Windows 7 桌面

（Windows 10 安装步骤和 Windows 7 安装步骤基本相似，相关显示界面有所不同，读者可以依照相同的方法试安装 Windows 10 操作系统。）

实验二　查看硬件属性

☑ **实验目的**

- 在 Windows 7 系统中查看计算机硬件配置
- 启用或禁用硬件设备

☑ **知识准备与操作要求**

- 掌握计算机硬件设备的各种知识
- 掌握查看、启用计算机硬件设备的知识

☑ **实验内容与操作步骤**

查看计算机已经安装的硬件设备的各项属性，并设置硬件的启用和禁用。

(1) 右击桌面上的【计算机】图标，在弹出的快捷菜单中选择【属性】命令，打开【系统】窗口。然后单击该窗口左侧任务列表中的【设备管理器】链接，打开【设备管理器】窗口，如图 2-17 所示。

图 2-17　打开【设备管理器】窗口

(2) 在【设备管理器】窗口中，单击每一个类型前的 ▷ 按钮即可展开该类型的设备，并查看属于该类型的具体设备，双击该设备就可以打开相应设备的属性对话框，如图 2-18 所示。

(3) 在具体设备上右击，可以在弹出的快捷菜单中执行相关的一些命令，如图 2-19 所示。

图 2-18　查看设备属性　　　　　　　　　图 2-19　快捷菜单命令

(4) 在【设备管理器】窗口中，单击【声音、视频和游戏控制器】类型前的 ▷ 按钮，展开该类型所有设备，如图 2-20 所示。

(5) 右击【高清晰度音频设备】选项，在弹出的快捷菜单中选择【禁用】命令，如图 2-21 所示。

(6) 弹出禁用对话框，单击【是】按钮，即可将该硬件设备停止使用，如图 2-22 所示，此时被禁用的设备显示出一个黑色向下箭头。

(7) 右击被禁用的设备，在弹出的快捷菜单中选择【启用】命令，稍等片刻该硬件便可重新恢复正常使用状态，如图 2-23 所示。

图 2-20　查看硬件设备

图 2-21　选择【禁用】命令

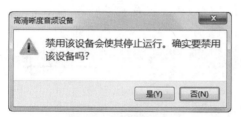

图 2-22　禁用对话框

图 2-23　选择【启用】命令

实验三　设置 Windows 7 账户

☑ 实验目的

- 创建"管理员"类型的用户账户
- 为 Windows 7 用户账户设置密码
- 删除 Windows 7 用户账户

☑ 知识准备与操作要求

- 掌握 Windows 7 的三种类型账户知识
- 掌握创建和管理用户账户的操作

☑ 实验内容与操作步骤

在 Windows 7 系统中创建管理员账户，并设置账户图片和密码，然后删除该账户。

(1) 单击【开始】按钮，在弹出的菜单中选择【控制面板】命令，打开【控制面板】窗口单击【用户账户】图标，如图 2-24 所示，打开【用户账户】窗口。

(2) 在【用户账户】窗口中单击【管理其他账户】超链接，如图 2-25 所示，打开【管理账户】窗口。

图 2-24　打开【控制面板】窗口　　　　　　图 2-25　单击【管理其他账户】超链接

(3) 在【管理账户】窗口中单击【创建一个新账户】超链接，打开新窗口，在文本框中输入新用户的名称"小朵"，然后选中【管理员】单选按钮，如图 2-26 所示。

(4) 单击【创建账户】按钮，即可成功创建用户名为"小朵"的管理员账户。

图 2-26　创建一个用户名为"小朵"的管理员账户

(5) 返回【用户账户】窗口单击【管理其他账户】超链接，打开【管理账户】窗口。

(6) 在【管理账户】窗口中单击"小朵"账户的图标，如图 2-27 所示。

(7) 在打开的【更改小朵的账户】窗口中，单击【更改图片】超链接，如图 2-28 所示。

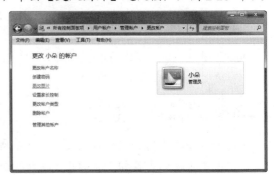

图 2-27　单击账户"小朵"的图标　　　　　　图 2-28　更改账户图片

(8) 打开【为小朵的账户选择一个新图片】窗口，在该窗口中系统提供了许多图片供用户选择，本例单击【浏览更多图片】超链接。

(9) 在打开的对话框中选择名称为"小朵"的图片，如图 2-29 所示。

(10) 选择完成后，单击【打开】按钮，完成头像的更改并返回至图 2-28 所示的窗口。单击【创建密码】超链接，打开【为小朵的账户创建一个密码】窗口。

(11) 在【新密码】文本框中输入一个密码，在其下方的文本框中再次输入密码进行确认，然后在【密码提示】文本框中输入相关提示信息(也可不设置)，如图 2-30 所示。

(12) 完成以上设置后，单击【创建密码】按钮即可完成用户账户密码的设置。

图 2-29　选择自定义图片　　　　　　　　图 2-30　设置账户密码

(13) 如果用户需要删除 Windows 7 系统中的用户账户，可以在打开【用户账户】窗口后，单击要删除的账户的图标，打开【更改小朵的账户】窗口。

(14) 单击【删除账户】超链接，打开【是否保留小朵的文件？】窗口，用户可根据需要单击【删除文件】或【保留文件】按钮，本例单击【删除文件】按钮，如图 2-31 所示。

(15) 单击【删除账户】按钮，即可完成账户的删除操作，如图 2-32 所示。

图 2-31　是否保留用户账户文件　　　　　　图 2-32　删除账户

实验四 设置 Windows 7 外观

☑ **实验目的**

- 学会 Windows 7 的外观设置

☑ **知识准备与操作要求**

- 掌握屏幕分辨率的相关知识
- 掌握屏幕保护程序的相关知识
- 掌握改变桌面主题、桌面图标等知识

☑ **实验内容与操作步骤**

1. 设置桌面主题

在 Windows 7 操作系统中，系统为用户提供了多种风格的桌面主题，共分为【Aero 主题】和【基本和高对比度主题】两大类。其中【Aero 主题】可为用户提供高品质的视觉体验，它独有的 3D 渲染和半透明效果可使桌面看起来更加美观流畅。

(1) 在桌面空白处右击鼠标，选择【个性化】命令，打开【个性化】窗口。在【Aero 主题】选项区域中单击【风景】，即可应用该主题，如图 2-33 所示。

(2) 在桌面空白处右击鼠标，在弹出的快捷菜单中选择【下一个桌面背景】命令，即可更换该主题系列中的壁纸，如图 2-34 所示。

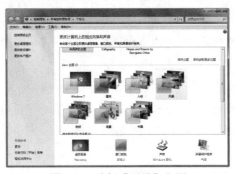

图 2-33 选择【风景】主题　　　　图 2-34 切换主题系列中的壁纸

2. 设置屏幕保护程序

(1) 在桌面空白处右击鼠标，在弹出的快捷菜单中选择【个性化】命令，打开【个性化】窗口，单击【个性化】窗口下方的【屏幕保护程序】图标，如图 2-35 所示，打开【屏幕保护程序设置】对话框。

(2) 在【屏幕保护程序】下拉菜单中选择【气泡】选项。在【等待】微调框中设置时间为 1 分钟，设置完成后，单击【确定】按钮，如图 2-36 所示。

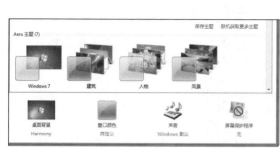

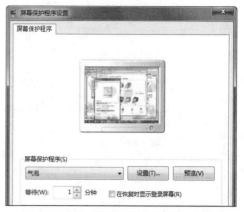

图 2-35 单击【屏幕保护程序】图标   图 2-36 【屏幕保护程序设置】对话框

(3) 当屏幕静止时间超过设定的等待时间时(鼠标键盘均没有任何动作),系统即可自动启动屏幕保护程序。

3. 设置屏幕分辨率和刷新频率

(1) 在桌面空白处右击鼠标,在弹出的快捷菜单中选择【屏幕分辨率】命令,打开【屏幕分辨率】窗口,如图 2-37 所示。

图 2-37 通过快捷菜单打开【屏幕分辨率】窗口

(2) 在【分辨率】下拉列表中拖动滑块,设置分辨率的大小为 1024×768,如图 2-38 所示。

(3) 单击【高级设置】超链接,打开【通用即插即用监视器】对话框,单击【监视器】选项卡,在【屏幕刷新频率】下拉列表中选择【75 赫兹】,如图 2-39 所示。

图 2-38　设置分辨率

图 2-39　设置刷新频率

(4) 单击【确定】按钮，返回【屏幕分辨率】窗口，再单击【确定】按钮，完成屏幕分辨率和刷新频率的设置。

4. 添加桌面图标

(1) 在桌面空白处右击鼠标，在弹出的快捷菜单中选择【个性化】命令，如图 2-40 所示。

(2) 单击【个性化】窗口左侧的【更改桌面图标】链接，如图 2-41 所示，打开【桌面图标设置】对话框。

图 2-40　选择【个性化】命令

图 2-41　单击【更改桌面图标】链接

(3) 选中【计算机】和【网络】两个复选框，然后单击【确定】按钮，即可在桌面上添加这两个图标，效果如图 2-42 所示。

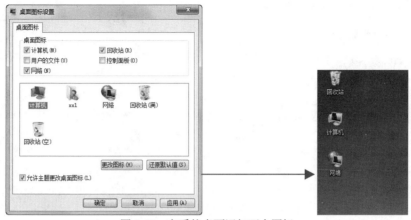

图 2-42 在系统桌面添加两个图标

5. 设置鼠标形状

(1) 在桌面空白处右击鼠标，在弹出的快捷菜单中选择【个性化】命令，打开【个性化】窗口，单击窗口左边的【更改鼠标指针】链接，如图 2-43 所示。

(2) 打开【鼠标属性】对话框，选择【指针】选项卡，在【方案】下拉列表框内选择【Windows Aero(特大)(系统方案)】，鼠标即变为特大鼠标样式，如图 2-44 所示。

图 2-43 单击【更改鼠标指针】链接

图 2-44 选择鼠标方案

(3) 在【自定义】列表中选择【正常选择】选项，然后单击【浏览】按钮，如图 2-45 所示。

(4) 打开【浏览】对话框，选择一种笔样式，然后单击【打开】按钮，如图 2-46 所示。

图 2-45 选择【正常选择】选项

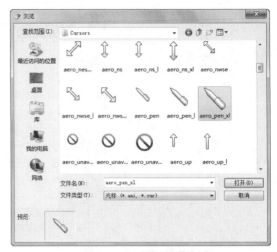

图 2-46 选择笔样式

(5) 返回至【鼠标属性】对话框，再单击【确定】按钮，如图 2-47 所示。

(6) 此时的鼠标样式改变成笔，形状也变的更大，如图 2-48 所示。

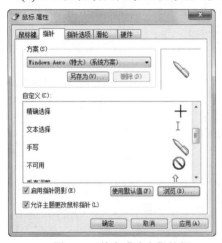

图 2-47 单击【确定】按钮

图 2-48 显示鼠标样式

实验五 在 Windows 7 中添加输入法

☑ 实验目的

- 学会添加中文输入法

☑ 知识准备与操作要求

- 掌握添加中文输入法的方法
- 掌握删除输入法的方法

☑ **实验内容与操作步骤**

打开安装了 Windows 7 操作系统的计算机，添加【简体中文全拼】输入法，并学会删除已安装的输入法。

(1) 启动 Windows 7 系统后，在任务栏的语言栏上右击鼠标，在弹出的快捷菜单中选择【设置】命令，如图 2-49 所示。

(2) 打开【文字服务和输入语言】对话框，单击右侧的【添加】按钮，如图 2-50 所示。

图 2-49　选择【设置】命令　　　　　　图 2-50　单击【添加】按钮

(3) 打开【添加输入语言】对话框，在该对话框中勾选【简体中文全拼】复选框，然后单击【确定】按钮，如图 2-51 所示。

(4) 返回【文字服务和输入语言】对话框，此时可在【已安装的服务】选项组中的输入法列表中看到刚刚添加的输入法，单击【确定】按钮，如图 2-52 所示。

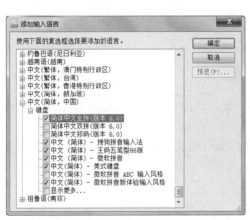

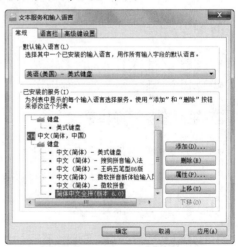

图 2-51　勾选【简体中文全拼】复选框　　　图 2-52　查看已安装的服务

(5) 在 Windows 7 操作系统中，默认状态下，用户可以使用 Ctrl+空格键在中文输入法和英文输入法之间进行切换，使用 Ctrl+Shift 组合键来切换输入法。

(6) 选择中文输入法也可以通过单击任务栏上的输入法指示图标来完成。在 Windows 桌面的任务栏中，单击代表输入法的图标，在弹出的输入法列表单击要使用的输入法即可。当前使用的输入法名称前面将显示"√"标记，如图 2-53 所示。

(7) 要删除【简体中文全拼】输入法，只需打开【文字服务和输入语言】对话框，在【已安装的服务】列表框里选择【简体中文全拼】选项，然后单击【删除】按钮，最后单击【确定】按钮，如图 2-54 所示。

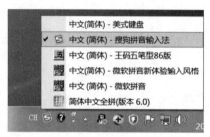

图 2-53　选择输入法

图 2-54　删除输入法

实验六　Windows 7 下的文件和文件夹操作

☑ 实验目的

- 了解文件和文件夹的命名规则
- 掌握文件和文件夹的各项操作

☑ 知识准备与操作要求

- 掌握文件和文件夹的相关知识
- 掌握创建、复制和移动、隐藏、排序、压缩文件或文件夹的操作

☑ 实验内容与操作步骤

下面介绍 Windows 7 文件和文件夹的相关操作，如文件和文件夹的创建、复制和移动、隐藏、排序、压缩、共享属性设置等操作内容。

1. 创建文件夹

(1) 按下 Win+E 快捷键打开资源管理器，双击【本地磁盘(D:)】图标，进入 D 盘目录，在空白处右击鼠标，在弹出的快捷菜单中选择【新建】|【文件夹】命令，如图 2-55 所示。

(2) 此时在 D 盘中即可新建一个文件夹，并且该文件夹的名称以高亮状态显示，直接输入文件夹的名称"重要文件"，然后按 Enter 键即可完成文件夹的新建和重命名，如图 2-56 所示。

图 2-55　选择【新建】|【文件夹】命令　　　图 2-56　创建【重要文件】文件夹

(3) 双击进入该文件夹，然后在空白处右击鼠标，在弹出的快捷菜单中选择【新建】|【文本文档】命令，新建一个文本文档。

(4) 此时该文本文档的名称以高亮状态显示，直接输入文件的名称"日程安排"，然后按 Enter 键即可完成文本文档的创建。

2. 复制和移动文件

(1) 将系统桌面上的文件(如【租赁协议】)复制到 D 盘。右击系统桌面上的【租赁协议】文档，在弹出的快捷菜单中选择【复制】命令，如图 2-57 所示。

(2) 双击桌面上的【计算机】图标，打开计算机窗口，然后双击【本地磁盘(D:)】进入 D 盘根目录。

(3) 双击【重要文件】文件夹，在打开的【重要文件】窗口的空白处右击鼠标，在弹出的快捷菜单中选择【粘贴】命令，如图 2-58 所示。此时【租赁协议】文档已经被复制到 D 盘【重要文件】文件夹中。

(4) 若想将文件移动到 D 盘，进行如下操作：右击系统桌面上的【租赁协议】文档，在弹出的快捷菜单中选择【剪切】命令。

(5) 打开【重要文件】窗口，在空白处右击鼠标，在弹出的快捷菜单中选择【粘贴】命令，可以将【租赁协议】文档移动至【重要文件】文件夹中。

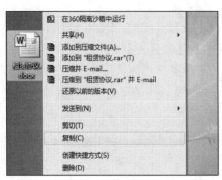

图 2-57　复制文件

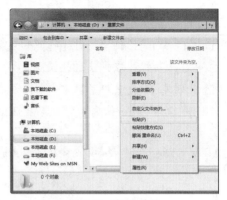

图 2-58　粘贴文件

3. 隐藏文件夹

(1) 打开 D 盘后右击【重要文件】文件夹，在弹出的快捷菜单中选择【属性】命令，如图 2-59 所示。

(2) 在打开的【重要文件属性】对话框的【常规】选项卡中，选中【隐藏】复选框，然后单击【确定】按钮，如图 2-60 所示。

图 2-59　设置文件夹属性

图 2-60　设置隐藏文件夹

(3) 在弹出的【确认属性更改】对话框中，选中【将更改应用于此文件夹、子文件夹和文件】单选按钮，单击【确定】按钮，即可隐藏【重要文件】文件夹，如图 2-61 所示。

(4) Windows 7 默认情况下，不显示隐藏的文件、文件夹或驱动器。若要显示以上内容，可在 D 盘窗口中单击【组织】下拉按钮，在下拉菜单中选择【文件夹和搜索选项】命令，如图 2-62 所示。

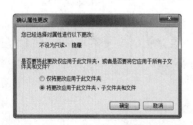

图 2-61　隐藏文件夹中的子文件夹和文件

图 2-62　选择【文件夹和搜索选项】命令

(5) 打开【文件夹选项】对话框，选择【查看】选项卡，在【高级设置】列表中选中【显示隐藏的文件、文件夹和驱动器】单选按钮，如图 2-63 所示。然后单击【确定】按钮，完成显示隐藏文件和文件夹的设置。

(6) 双击打开【本地磁盘(D:)】窗口，此时用户即可看到已被隐藏的文件或文件夹呈半透明状显示，如图 2-64 所示。

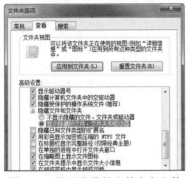

图 2-63　显示隐藏的文件夹和文件　　　　图 2-64　隐藏文件夹显示后的效果

4. 排序文件和文件夹

(1) 打开资源管理器，然后双击【本地磁盘(D:)】图标，进入 D 盘的根目录。

(2) 在 D 盘窗口的空白处右击鼠标，在弹出的快捷菜单中选择【排序方式】|【修改日期】选项。

(3) 按照同样的方法选择【排序方式】|【递增】命令，即可将 D 盘中的文件和文件夹按照修改时间递增的方式进行排序，如图 2-65 所示。

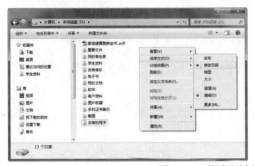

图 2-65　通过右键菜单排序文件和文件夹

5. 创建压缩文件夹

(1) 在窗口空白处右击鼠标，在弹出的快捷菜单中选择【新建】命令，在打开的子菜单中选择【压缩文件夹】命令，如图 2-66 所示。

(2) 新建的压缩文件夹名字处于可编辑状态，输入"压缩包"后按 Enter 键即可，如图 2-67 所示。

(3) 右击压缩文件夹【压缩包】，从弹出的快捷菜单中选择【全部提取】命令，如图 2-68 所示。

图 2-66　选择【压缩文件夹】命令

图 2-67　命名为【压缩包】文件夹

(4) 打开【提取压缩文件夹】对话框，可以单击【浏览】按钮更改提取文件夹的路径，然后单击【确定】按钮，如图 2-69 所示。

图 2-68　选择【全部提取】命令

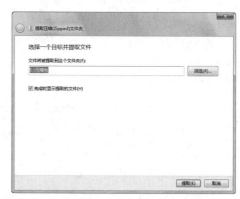

图 2-69　【提取压缩文件夹】对话框

6. 设置文件夹共享属性

(1) 右击当前计算机中的一个文件夹，例如【影视剧】文件夹，从弹出的快捷菜单中选择【属性】命令，如图 2-70 所示。

(2) 打开【影视剧属性】对话框，选择【共享】选项卡，单击【高级共享】按钮，如图 2-71 所示。

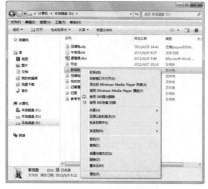

图 2-70　选择【属性】命令

图 2-71　单击【高级共享】按钮

(3) 打开【高级共享】对话框，选中【共享此文件夹】复选框，然后分别设置【共享名】【将同时共享的用户数量限制为】【注释】等选项(可自定义，也可以保持默认状态)，单击【权限】按钮，如图 2-72 所示。

(4) 打开【影视剧的权限】对话框，可以在【组或用户名】区域里看到组里成员，默认为 Everyone，即所有用户。在 Everyone 的权限里，【完全控制】是指其他用户可以删除或修改本机上共享文件夹里的文件；【更改】是指用户可以修改，不可以删除；【读取】是指用户只能浏览复制，不得修改。一般选择在【读取】栏中选中【允许】复选框，如图 2-73 所示。最后单击【确定】按钮，【影视剧】文件夹即成为共享文件夹。

图 2-72　【高级共享】对话框

图 2-73　设置文件夹的共享权限

实验七　使用 Windows 7 写字板

☑ 实验目的

- 了解 Windows 附件工具的种类
- 使用 Windows 7 附件中的写字板工具

☑ 知识准备与操作要求

Windows 7 系统自带的附件工具方便用户使用，这些工具包括写字板、便签、画图程序、计算器等。

☑ 实验内容与操作步骤

启用附件中的写字板程序，设置字体，输入文字，插入图片。

(1) 单击【开始】按钮，在弹出的菜单中选择【所有程序】|【附件】|【写字板】命令，启动写字板程序，如图 2-74 所示。

(2) 启动写字板，将光标定位在写字板中，然后输入文本"洛阳牡丹甲天下"。选中输入的文本，将字体设置为【华文行楷】和【加粗】、字号为28、对齐方式为【居中】，如图2-75所示。

图2-74　启动写字板　　　　　　　　　图2-75　输入文本并设置文本字体

(3) 按 Enter 键换行，然后输入对牡丹花的介绍文字，并设置其字体为【华文细黑】、字号为12，对齐方式为【左对齐】，如图2-76所示。

(4) 选中正文部分，在【字体】组中单击【文本颜色】下拉按钮，选择【土蓝】选项，为正文文本设置字体颜色，如图2-77所示。

图2-76　设置正文文本格式　　　　　　　图2-77　设置正文文本颜色

(5) 将光标定位在正文的末尾，然后按 Enter 键换行。在【插入】选项组中单击【图片】按钮，打开【选择图片】对话框，在该对话框中选择一幅图片，单击【确定】按钮，在文档中插入如图2-78所示的图片。

(6) 单击【写字板】按钮，在弹出的菜单中选择【保存】命令，打开【保存为】对话框，选择保存的磁盘目录(如 E 盘)，用户可以修改文件名，最后单击【保存】按钮将写字板文档保存，如图2-79所示。

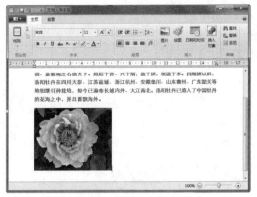

图 2-78　在写字板中插入图片

图 2-79　【保存为】对话框

实验八　在 Windows 7 中添加删除软件

☑ 实验目的

- 学会安装软件
- 学会删除软件

☑ 知识准备与操作要求

- 掌握安装软件知识
- 使用软件卸载功能

☑ 实验内容与操作步骤

在 Windows 7 系统下安装微信软件，然后删除微信软件。

(1) 打开安装程序所在文件夹，双击微信软件安装程序文件(WeChatSetup)，如图 2-80 所示。

(2) 打开安装界面，单击【浏览】按钮，如图 2-81 所示。

图 2-80　双击安装文件

图 2-81　单击【浏览】按钮

(3) 打开【浏览文件夹】对话框，选择 D 盘为安装目录，然后单击【确定】按钮，如图 2-82 所示。

(4) 返回安装界面，选中【我已阅读并同意服务协议】复选框，单击【安装微信】按钮，如图 2-83 所示。

图 2-82　选择安装目录

图 2-83　单击【安装微信】按钮

(5) 开始安装微信，并显示安装进度条，安装完毕后，单击【开始使用】即可执行已经安装的微信，如图 2-84 所示。

图 2-84　安装软件

(6) 要卸载微信软件，单击【开始】菜单按钮，选择【控制面板】命令，如图 2-85 所示。

(7) 打开【控制面板】窗口，单击该窗口中的【卸载程序】链接，如图 2-86 所示。

图 2-85　选择【控制面板】命令

图 2-86　单击【卸载程序】链接

(8) 打开【程序和功能】窗口，右击列表框中需要卸载的程序，在弹出的菜单中选择【卸载/更改】命令，如图 2-87 所示。

(9) 此时弹出软件卸载的对话框(不同应用软件的界面会不相同)，单击【卸载】按钮开始卸载软件，如图 2-88 所示。

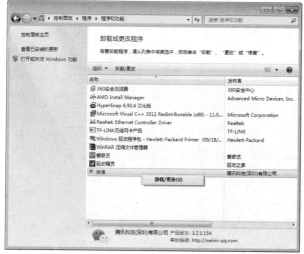

图 2-87　选择【卸载/更改】命令

图 2-88　单击【卸载】按钮

实验九　在 Windows 7 中安装打印机

☑ 实验目的

- 学会连接打印机和计算机
- 安装网络打印机

☑ 知识准备与操作要求

- 掌握打印机的硬件知识
- 掌握添加网络打印机的方法

☑ 实验内容与操作步骤

在 Windows 7 系统下连接打印机，并添加网络打印机。

(1) 首先连接打印机硬件，打印机连接数据线缆的两头存在明显的差异，其中一头是卡槽，另一头是螺丝或旋钮。将卡槽一头接到打印机后，带有螺丝或者旋钮的一头接到计算机上。计算机机箱背面并行端口通常有打印机图标标明，将电缆的接头接到并行端口上，拧紧螺丝或旋钮将插头固定即可。将打印机电源插头插到电源上，完成以上操作后，打开打印机电源，如图 2-89 所示。

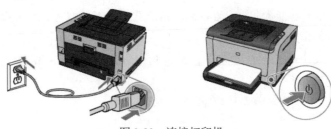

图 2-89　连接打印机

(2) 如果用户想连接网络打印机，则单击【开始】按钮，在弹出的菜单中选择【设备和打印机】命令，如图 2-90 所示。

(3) 打开【设备和打印机】窗口，单击【添加打印机】按钮，如图 2-91 所示。

图 2-90　选择【设备和打印机】命令

图 2-91　单击【添加打印机】按钮

(4) 打开【添加打印机】对话框，单击【添加网络、无线或 Bluetooth 打印机】按钮，如图 2-92 所示。

(5) 打开对话框，开始自动搜索网络中的可用打印机，如图 2-93 所示。若找不到打印机，则单击【我需要的打印机不在列表中】链接。

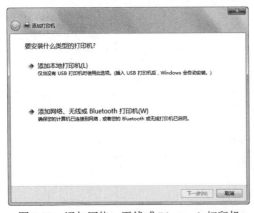

图 2-92　添加网络、无线或 Bluetooth 打印机

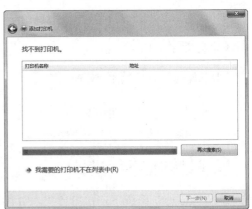

图 2-93　搜索网络中的可用打印机

(6) 在打开的对话框中选中【按名称选择共享打印机】单选按钮后，单击【浏览】按钮，如图 2-94 所示。

(7) 在打开的对话框中选中网络中其他计算机上的打印机，然后单击【选择】按钮，如图 2-95 所示，返回【按名称或 TCP/IP 地址查找打印机】对话框。

图 2-94　单击【浏览】按钮

图 2-95　选择网络打印机

(8) 在【按名称或 TCP/IP 地址查找打印机】对话框中，单击【下一步】按钮，系统将连接网络打印机，如图 2-96 所示。

(9) 成功连接打印机后，在打开的对话框中单击【下一步】按钮，如图 2-97 所示。

(10) 在打开的对话框中单击【完成】按钮，完成网络打印机的设置。

图 2-96　单击【下一步】按钮(1)

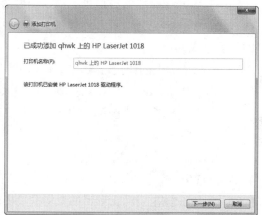

图 2-97　单击【下一步】按钮(2)

思考与练习

一、判断题(正确的在括号内填 Y，错误则填 N)

1. 利用【回收站】可以恢复被删除的文件，但须在【回收站】没有清空以前。（　　）

2. 在Windows中，我们可以用PrintScreen键/Alt+PrintScreen键来复制屏幕内容。（　　）

3. 在 Windows 中，启动资源管理器的方式至少有三种。（　　）

4. Windows 的"桌面"是不可以调整的。（　　）

5. 在 Windows 中，拖动鼠标执行复制操作时，鼠标光标的箭头尾部带有!号。（　　）

6. 关闭没有响应的程序可以利用 Ctrl+Alt+Del 键来完成。 （　）

7. Windows 的任务栏不能修改文件属性。 （　）

8. 在 Windows 中，可以利用控制面板或桌面任务栏中的时间指示器来设置系统的日期和时间。 （　）

9. 在 Windows 操作系统中，所有被删除文件都可从回收站恢复。 （　）

10. 桌面上的图案和背景颜色可以通过【控制面板】中的【系统】来设置。 （　）

11. 在 Windows 中，通过回收站可以恢复所有被误删除的文件。 （　）

12. 退出 Windows 的快捷键是 Ctrl+F4。 （　）

13. 在Windows中，不管选用何种安装方式，智能ABC和五笔字型输入法均是中文Windows系统自动安装的。 （　）

14. Windows 操作必须先选择操作对象，再选择操作项。 （　）

15. Windows 的【资源管理器】窗口可分为两部分。 （　）

16. 在 Windows 中，文件夹或文件的重命名只有一种方法。 （　）

17. 在 Windows 中，用户可以通过设置 Windows 屏幕保护程序来实现对屏幕的保护，以减少对屏幕的损耗。 （　）

18. 在 Windows 中，窗口大小的改变可通过对窗口的边框操作来实现。 （　）

19. 在 Windows 的【资源管理器】窗口中，通过选择【文件】菜单可以改变文件或文件夹的显示方式。 （　）

20. 删除桌面上的快捷方式，它所指向的项目同时也被删除。 （　）

21. 在中文 Windows 中，切换到汉字输入状态的快捷键是 Shift+空格键。 （　）

22. 在资源管理器左区中，有的文件夹前边带有 "+" 号，表示此文件夹被加密。 （　）

23. 中文输入法不能输入英文。 （　）

24. 在 Windows 中删除的内容将被存入剪贴板中。 （　）

25. 在 Windows 资源管理器的左侧窗口中，显示的是文件夹树型结构，最高一级为 "桌面"。 （　）

26. 在 Windows 中，若要一次选择不连续的几个文件或文件夹，可单击第一个文件，然后按住 Shift 键单击最后一个文件。 （　）

27. Windows 中桌面上的图标能自动排列。 （　）

28. 在Windows中，如果要把整幅屏幕内容复制到剪贴板中，可以按PrintScreen+Ctrl键。 （　）

29. 在 Windows 资源管理器的左侧窗口中，若用鼠标单击文件夹前面+，此时+将变成-。 （　）

30. 用【开始】菜单中的运行命令执行程序，需在【运行】窗口的【打开】输入框中输入程序的路径和名称。 （　）

31. Windows 操作系统中的图形用户界面(GUI)使用窗口显示正在运行的应用程序的状态。 （　）

32. 在 Windows 中，若要将当前窗口存入剪贴板中，可以按 Alt+PrintScreen 键。(　　)

33. 在 Windows 资源管理器的左侧窗口中，许多文件夹前面均有一个+或-号，它们分别是展开符号和折叠符号。 (　　)

34. Windows 中的文件属性有只读、隐藏、存档和系统四种。 (　　)

35. 在 Windows 操作系统中，任何一个打开的窗口都有滚动条。 (　　)

36. Windows 环境中可以同时运行多个应用程序。 (　　)

37. 声音、图像、文字均可以在 Windows 的剪贴板暂时保存。 (　　)

38. Windows 是一种多用户多任务的操作系统。 (　　)

39. 在 Windows 操作系统中可以通过任务栏图标预览窗口。 (　　)

40. 启动 Windows 后，我们所看到的整个屏幕称为我的电脑。 (　　)

二、单选题

1. 关于滚动条，下述说法错误的是(　　)。

   A. 当窗口工作区容纳不下要显示的内容时，就会出现滚动条

   B. 滚动条可以通过设置取消

   C. 滚动块的位置反映窗口信息所在的相对位置，滚动块的长短表示窗口信息占全部信息的比例

   D. 同一窗口中不可同时出现垂直滚动条和水平滚动条

2. 在 Windows 7 中，可以打开【开始】菜单的组合键是(　　)。

   A. Alt+Esc　　　　　B. Ctrl+Esc　　　　　C. Tab+Esc　　　　　D. Shift+Esc

3. 当在资源管理器的【编辑】菜单中使用了【反向选择】命令后，其正确的描述是(　　)。

   A. 文件从下到上选择

   B. 文件从右到左选择

   C. 选中的文件变为不选中，不选中的文件反而选中

   D. 所有文件全部逆向显示

4. 在 Windows 中，不含资源管理器命令的快捷菜单是(　　)。

   A. 右击计算机图标弹出的快捷菜单

   B. 右击回收站图标弹出的快捷菜单

   C. 右击桌面任一空白位置弹出的快捷菜单

   D. 右击计算机文件夹窗口内的任一驱动器所弹出的快捷菜单

5. 在 Windows 7 中，各个输入法之间切换，应按(　　)键。

   A. Shift+空格　　　　B. Ctrl+空格　　　　C. Ctrl+Shift　　　　D. Alt+回车

6. 在 Windows 7 安装完成后，桌面上一定会有的图标是(　　)。

   A. Word　　　　　　B. 计算机　　　　　C. 控制面板　　　　D. 资源管理器

7. 在 Windows 的回收站中，存放的(　　)。

    A. 只能是硬盘上被删除的文件或文件夹

    B. 只能是软盘上被删除的文件或文件夹

    C. 可以是硬盘或软盘上被删除的文件或文件夹

    D. 可以是所有外存储器中被删除的文件或文件夹

8. 将鼠标指针移到窗口的(　　)上拖动才可以移动窗口。

    A. 工具栏　　　　　　B. 标题栏　　　　　　C. 状态栏　　　　　　D. 编辑栏

9. 在 Windows 中删除文件的同时按下(　　)键,删除的文件将不送入回收站而直接从硬盘删除。

    A. Ctrl　　　　　　B. Alt　　　　　　C. Shift　　　　　　D. F1

10. Windows 桌面上有多个图标,左下角有一个小箭头的图标是(　　)图标。

    A. 文件　　　　　　B. 程序项　　　　　　C. 文件夹　　　　　　D. 快捷方式

11. 在 Windows 中,为保护文件不被修改,可将它的属性设置为(　　)。

    A. 只读　　　　　　B. 存档　　　　　　C. 隐藏　　　　　　D. 系统

12. 在资源管理器的文件夹框中,带+的文件夹图标表示该文件夹(　　)。

    A. 不能展开　　　　　　　　　　B. 可以包含更多的文件和子文件夹

    C. 包含文件　　　　　　　　　　D. 包含子文件夹

13. 有关 Windows 写字板的正确说法有(　　)。

    A. 可以保存为纯文本文件　　　　B. 可以保存为 Word 文档

    C. 不可以改变字体大小　　　　　D. 无法插入图片

14. 选中命令项右边带省略号(…) 的菜单命令,将会出现(　　)。

    A. 若干个子命令　　　　　　　　B. 当前无效

    C. 另一个文档窗口　　　　　　　D. 对话框

15. 在 Windows 7 中,下列不能放在同一个文件夹中的是(　　)。

    A. ABC.COM 与 abc.com　　　　B. abc.com 与 abc.exe

    C. abc.com 与 abc　　　　　　　D. abc.com 与 aaa.com

16. 在 Windows 7 中,按下 PrintScreen 键,则使整个桌面内容(　　)。

    A. 打印到打印纸上　　　　　　　B. 打印到指定文件

    C. 复制到指定文件　　　　　　　D. 复制到剪贴板

17. 在 Windows 中,用户同时打开的多个窗口可以层叠式或平铺式排列,要想改变窗口的排列方式,应进行的操作是(　　)。

    A. 右击【任务栏】空白处,然后在弹出的快捷菜单中选取要排列的方式

    B. 右击桌面空白处,然后在弹出的快捷菜单中选取要排列的方式

    C. 先打开【资源管理器】窗口,选择其中的【查看】菜单下的【排列图标】选项

    D. 先打开【计算机】窗口,选择其中的【查看】菜单下的【排列图标】选项

18. 在 Windows 7 中,同一驱动器内复制文件时可使用的鼠标操作是(　　)。

    A. 拖曳　　　　　　B. Shift+拖曳　　　　　　C. Alt+拖曳　　　　　　D. Ctrl+拖曳

19. 在 Windows 中，能改变窗口大小的操作是(　　)。
    A. 将鼠标指针指向菜单栏，拖动鼠标
    B. 将鼠标指针指向边框，拖动鼠标
    C. 将鼠标指针指向标题栏，拖动鼠标
    D. 将鼠标指针指向任何位置，拖动鼠标

20. 在 Windows 操作中，若鼠标指针变成了"沙漏"形状，则表示(　　)。
    A. Windows 正在执行某一任务，请用户稍等
    B. 可以改变窗口大小
    C. 可以改变窗口位置
    D. 鼠标光标所在位置可以从键盘输入文本

21. 下列程序不属于附件的是(　　)。
    A. 计算器　　　　　B. 记事本　　　　　C. 网上邻居　　　　　D. 画图

22. 下列有关快捷方式的叙述，错误的是(　　)。
    A. 快捷方式改变程序或文档在磁盘上的存放位置
    B. 快捷方式提供了对常用程序和文档的访问捷径
    C. 快捷方式图标的左下角有一个小箭头
    D. 删除快捷方式下不会对原程序或文档产生影响

23. 如果设置了屏幕保护程序，用户在一段时间(　　)，Windows 将启动执行屏幕保护程序。
    A. 没有使用打印机　　　　　　　　B. 既没有按键盘，也没有移动鼠标器
    C. 没有按键盘　　　　　　　　　　D. 没有移动鼠标器

24. 在 Windows 中，下列能较好地关闭没有响应的程序的方法是(　　)。
    A. 按 Ctrl+Alt+Del 键，然后选择【结束任务】结束该程序的运行
    B. 按 Ctrl+Del 键，然后选择【结束任务】结束该程序的运行
    C. 按 Alt+Del 键，然后选择【结束任务】结束该程序的运行
    D. 直接 Reset 计算机结束该程序的运行

25. 在 Windows 中退出应用程序的方法，错误的是(　　)。
    A. 双击控制菜单按钮　　　　　　　B. 单击【关闭】按钮
    C. 单击【最小化】按钮　　　　　　D. 按 Alt+F4

26. 窗口菜单命令项右边带有"黑色右箭头"的命令，表示该命令项(　　)。
    A. 有若干个子命令　　　　　　　　B. 当前无效
    C. 已选中　　　　　　　　　　　　D. 会出现对话框

27. 绝对路径是从(　　)开始查找的路径。
    A. 当前目录　　　　B. 子目录　　　　C. 根目录　　　　D. dos 目录

28. 在 Windows 7 中，"记事本"生成(　　)类型的文件。
    A. TXT　　　　　　B. PCX　　　　　C. DOC　　　　　D. JPEG

29. 关于 Windows 7 的任务栏，错误的说法是(　　)。
    A. 任务栏可以水平放置在屏幕的底部和顶部

    B. 任务栏可以垂直放置在屏幕的左侧和右侧

    C. 任务栏属性可以改变

    D. 任务栏只能显示，不能隐藏

30. 下面正确的说法是(　　)。

    A. Windows 7 是美国微软公司的产品

    B. Windows 7 是美国 COMPAQ 公司的产品

    C. Windows 7 是美国 IBM 公司的产品

    D. Windows 7 是美国 HP 公司的产品

31. 在 Windows 7 中，利用【查找】窗口，不能用于文件查找的选项是(　　)。

    A. 文件属性　　　　　　　　　　B. 文件大小

    C. 文件名称和位置　　　　　　　D. 文件有关日期

32. 在 Windows 7 的【资源管理器】窗口中，若希望显示文件的名称、类型、大小等信息，则应该选择【查看】菜单中的(　　)。

    A. 列表　　　　　B. 详细资料　　　　C. 小图标　　　　D. 大图标

33. 下列软件中不是操作系统的是(　　)。

    A. WPS　　　　　B. Windows 7　　　　C. DOS　　　　D. UNIX

34. Windows 7 中设置、控制计算机硬件配置和修改桌面布局的应用程序是(　　)。

    A. Word　　　　　B. Excel　　　　C. 资源管理器　　　　D. 控制面板

35. 在 Windows 下的【资源管理器】窗口右部选定所有文件，如果要取消其中几个文件的选定，应进行的操作是(　　)。

    A. 用鼠标左键依次单击各个要取消选定的文件

    B. 按住 Ctrl 键，再用鼠标左键依次单击各个要取消选定的文件

    C. 按住 Shift 键，再用鼠标左键依次单击各个要取消选定的文件

    D. 用鼠标右键依次单击各个要取消选定的文件

36. 对话框中的"圆形中心带一点"的图标表示(　　)。

    A. 选项卡　　　　B. 复选框　　　　C. 单选项　　　　D. 命令按钮

37. 在 Windows 中可以对系统日期或时间进行设置，下述描述不正确的是(　　)。

    A. 利用控制面板中的【日期/时间】

    B. 右击桌面空白处，在弹出的快捷菜单中选择【调整日期/时间】命令

    C. 右击任务栏通知区域的时间指示器，在弹出的快捷菜单中选择【调整日期/时间】命令

    D. 双击任务栏最右端上的时间指示器

38. 在资源管理器中，如果要同时选定不相邻的多个文件，可使用(　　)键。

    A. Ctrl　　　　　B. Alt　　　　C. Shift　　　　D. F1

39. Windows 的文件夹组织结构是一种(　　)。

    A. 表格结构　　　　B. 树形结构　　　　C. 网状结构　　　　D. 线性结构

40. 在 Windows 7 窗口中,选择带括号的字母菜单项,可按(　　)键配合此字母快速选中。

    A. Alt   B. Ctrl   C. Shift   D. Esc

三、中英文打字

第 1 题

　　走过高速成长的五年,中国发展再次站到新的历史起点。新的历史起点都包括哪些内容,其对于我们今后发展意味着什么,无疑对更好地把握未来至关重要。就此,《瞭望》新闻周刊深入采访了长期从事改革发展研究的常修泽教授、中央党校经济学部副主任韩保江教授、国务院发展研究中心张立群研究员、金融研究者何志成先生等专家学者,在此基础上,形成四点共识。五年来翻了一番的 GDP 总量,使我们站在了新的历史起点。这一起点,既为我们提供了转型期丰富的调控经验与教训,又为解决国内诸多发展难题提供了物质基础,增强了发展的抗风险能力;同时也成为中国冷静判断自身与世界关系的重要基点。2001 年,中国的 GDP 总量不到 11 万亿元;而 2007 年,这一标志着国家综合实力的数字将超过 23 万亿元。五年间翻一番的 GDP 总量,既建之于上一届政府打下的坚实基础,又与新一届政府五年来"颇有心得"的宏观调控密不可分。事实上,能将一根高速增长的曲线连续四年稳定在 10%左右,在中国 29 年的改革发展历史中亦属罕见。站在这一新的起点,我们拥有了驾驭未来经济高速增长的基本经验,积累了远远难于成熟市场经济体的转型期调控心得,比如"适时适度",比如"有保有压",比如市场、法律和行政等多种手段的灵活运用等等;与此同时,如何在流动性过剩与全球化背景下完善宏观调控,增强调控的针对性和有效性,还需在今后的实践中进一步探索。(来源:《瞭望》新闻周刊,2007 年 10 月 08 日)

第 2 题

　　真空管时代的计算机尽管已经步入了现代计算机的范畴,但其体积之大、能耗之高、故障之多、价格之贵大大制约了它的普及应用。直到晶体管被发明出来,电子计算机才找到了腾飞的起点,一发而不可收。ENIAC (Electronic Numerical Integrator And Computer)是第一台真正意义上的数字电子计算机,开始研制于 1943 年,完成于 1946 年,负责人是 John W. Mauchly 和 J. Presper Eckert,重 30 吨,18000 个电子管,功率 25 千瓦,主要用于计算弹道和氢弹的研制。

第 3 题

　　MCS-51 系列单片机的两个子系列,在 4 个性能上略有差异。由此可见,在本子系列内各类芯片的主要区别在于片内有无 ROM 或 EPROM。MCS-51 与 MCS-52 子系列间所不同的是片内程序存储器 ROM 从 4 KB 增至 8 KB;片内数据存储器由 128 个字节增至 256 个字节;定时器/计数器增加了一个;中断源增加了 1～2 个。另外,对于制造工艺为 CHMOS 的单片机,由于采用 CMOS 技术制造,因此具有低功耗的特点,如 8051 功耗约为 630 mW,而 80C51 的功耗只有 120 mW。

四、Windows 操作题

使用"第 2 章 操作题素材"完成下列各题。

第 1 题

1. 将文件夹 yd 内的文件夹 ar 复制到文件夹 mw 内。

2. 将文件夹 yd 内的文本文档 tt 剪切到文件夹 yd 下的 ar 文件夹内。

3. 在文件夹 yd 内新建一个名称为 pa 的文件夹。

4. 在文件夹 yd 内为文件夹 pa 创建名称为 ww 的快捷方式。

第 2 题

1. 在试题目录下建立文件夹 EXAM4，并将文件夹 SYS 中 YYD.doc、SJK4.mdb 和 DT4.xls 复制到文件夹 EXAM4 中。

2. 将文件夹 SYS 中 YYD.doc 改名为 ADDRESS.doc，删除 SJK4.mdb，设置文件 Atextbook.dbf 文件属性为只读，将 DT4.xls 压缩为 DT4.rar 压缩文件。

3. 在试题目录下建立文件夹 RED，并将 GX 文件夹中以 B 和 C 开头的全部文件移动到文件夹 RED 中。

4. 搜索 GX 文件夹下所有的 *.jpg 文件，并将按文件大小升序排列在最前面的两个文件移动到文件夹 RED 中。

第 3 题

1. 在文件夹 bb 内新建一个名称为 tt 的文本文档。

2. 设置文本文档 tt 的属性为【只读】和【存档】。

3. 在文件夹 bb 内新建一个名称为 we 的 word 文档。

4. 设置 word 文档 we 的属性为【只读】和【共享】。

第 3 章

Word 2016的基本操作

☑ **本章概述**

文字处理软件 Word 2016 是工作生活中使用较多的文字处理软件之一。本章要求读者掌握 Word 文档的创建，学会文本的基础编辑等内容。

☑ **实训重点**

- 自定义 Word 2016 工作环境
- 创建 Word 文档
- 输入文本和符号
- 查找和替换文本
- 检查中文语法错误

实验一　自定义 Word 2016 工作环境

☑ **实验目的**

- 熟悉 Word 2016 软件的工作界面
- 在功能区添加选项组和命令按钮
- 在快速访问工具栏中添加按钮

☑ **知识准备与操作要求**

- 掌握 Word 2016 选项组的设置
- 掌握 Word 2016 快速访问工具栏的设置

☑ **实验内容与操作步骤**

打开 Word 2016，在工作界面中添加新选项卡、新组和新按钮。在快速访问工具栏中添加快捷按钮，改变工作界面的颜色。

(1) 启动 Word 2016，在功能区任意位置中右击鼠标，从弹出的快捷菜单中选择【自定义功能区】命令，如图 3-1 所示。

(2) 打开【Word 选项】对话框中的【自定义功能区】选项卡，单击右下方的【新建选项卡】按钮，如图 3-2 所示。

图 3-1　选择【自定义功能区】命令　　　　图 3-2　单击【新建选项卡】按钮

(3) 此时，在【自定义功能区】选项组的【主选项卡】列表框中显示【新建选项卡(自定义)】和【新建组(自定义)】选项卡，选中【新建选项卡(自定义)】选项，单击【重命名】按钮，如图 3-3 所示。

(4) 打开【重命名】对话框，在【显示名称】文本框中输入"新选项卡"，单击【确定】按钮，如图 3-4 所示。

图 3-3　单击【重命名】按钮(1)　　　　　图 3-4　输入名称

(5) 在【自定义功能区】选项组的【主选项卡】列表框中选中【新建组(自定义)】选项，单击【重命名】按钮，如图 3-5 所示。

(6) 打开【重命名】对话框，在【符号】列表框中选择一种符号，在【显示名称】文本框中输入"运行"，然后单击【确定】按钮，如图 3-6 所示。

图 3-5　单击【重命名】按钮(2)

图 3-6　设置组符号和名称

(7) 返回至【Word 选项】对话框，在【主选项卡】列表框中显示重命名后的选项卡和组，在【从下列位置选择命令】下拉列表框中选择【不在功能区中的命令】选项，并在下方的列表框中选择需要添加的按钮，这里选择【帮助】选项，单击【添加】按钮，即可将其添加到新建的【运行】组中，单击【确定】按钮，如图 3-7 所示。

(8) 返回至 Word 2016 工作界面，此时显示【新选项卡】选项卡，打开该选项卡，即可看到【运行】组中的【帮助】按钮，如图 3-8 所示。

图 3-7　添加【帮助】选项

图 3-8　选项卡中的按钮效果

(9) 在快速访问工具栏中单击【自定义快速工具栏】按钮，在弹出的菜单中选择【打开】命令，将【打开】按钮添加到快速访问工具栏中。

(10) 在快速访问工具栏中单击【自定义快速工具栏】按钮，在弹出的菜单中选择【其他命令】命令，打开【Word 选项】对话框。打开【快速访问工具栏】选项卡，在【从下列位置选择命令】下拉列表框中选择【常用命令】选项，并且在下面的列表框中选择【格式刷】选项，然后单击【添加】按钮，将【格式刷】按钮添加到【自定义快速访问工具栏】列表框中，单击【确定】按钮，此时快速工具栏上添加了【格式刷】按钮，如图 3-9 所示。

图 3-9　设置添加【格式刷】按钮

(11) 打开【Word 选项】对话框，打开【常规】选项卡，在【Office 主题】后的下拉列表中选择【深灰色】选项，单击【确定】按钮，如图 3-10 所示。

(12) 此时返回工作界面，查看改变了主题的界面，如图 3-11 所示。

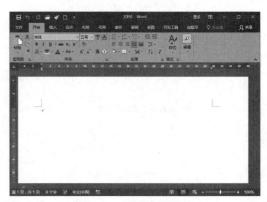

图 3-10　选择【深灰色】选项　　　　　图 3-11　改变主题颜色

实验二　创建 Word 文档

☑ 实验目的

- 熟悉 Word 文档菜单的操作
- 掌握新建、保存、关闭文档的操作

☑ 知识准备与操作要求

- 熟悉 Word 2016 软件的基本操作
- 掌握新建和保存文档的方法

☑ 实验内容与操作步骤

打开 Word 2016，新建"问卷调查"文档，保存该文档，最后关闭文档。

(1) 启动 Word 2016，单击【文件】按钮，在打开的界面中选择【新建】选项，打开【新建】选项区域，然后在该选项区域中选择【空白文档】选项即可创建一个空白文档。

(2) 单击【文件】按钮，在打开的页面中选择【另存为】选项，在界面中选择【浏览】选项，如图 3-12 所示。

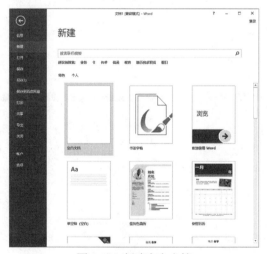

图 3-12　创建空白文档

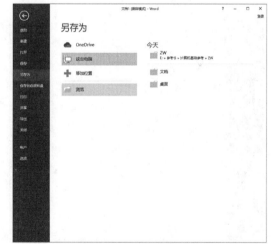

图 3-13　选择【浏览】选项

(3) 打开【另存为】对话框，在其中设置文档的保存路径、名称及保存格式，这里设置文件名为"问卷调查"，然后单击【保存】按钮保存文档，如图 3-14 所示。

(4) 将以"问卷调查"为名的空白文档保存后，在 Word 窗口中将显示该文件名，如图 3-15 所示。

图 3-14 【另存为】对话框

图 3-15 显示文档

(6) 如果要关闭文档，只需单击标题栏右上角的【关闭】按钮×即可关闭该文档，或者单击【文件】按钮，从弹出的界面中选择【关闭】选项，关闭当前文档，如图 3-16 所示。

(7) 如果要重新打开该文档，只需单击【文件】按钮，从弹出的界面中选择【打开】选项，然后单击【浏览】选项，在【打开】对话框中选择文档，单击【打开】按钮即可打开该文档，如图 3-17 所示。

图 3-16 选择【关闭】选项

图 3-17 【打开】对话框

实验三 输入文本和符号

☑ 实验目的

- 输入中英文
- 插入特殊符号

☑ **知识准备与操作要求**

- 学会使用键盘输入文本
- 掌握添加日期和插入特殊符号

☑ **实验内容与操作步骤**

启动 Word 2016，打开"问卷调查"文档，输入文本，添加日期和时间，并插入特殊符号。

(1) 启动 Word 2016，打开已创建的"问卷调查"文档。

(2) 在文档中按空格键，将插入点移至页面中央位置，切换中文输入法，输入标题"大学生问卷调查"，如图 3-18 所示。

(3) 按 Enter 键，将插入点跳转至下一行的行首，继续输入中文文本，如图 3-19 所示。(用户可以切换至美式键盘状态，按下 Caps Lock 键，输入英文大写字母，再按下 Caps Lock 键，继续输入英文小写字母。)

图 3-18 输入标题

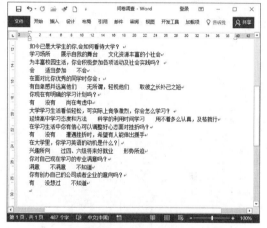

图 3-19 输入文本

(4) 按 Enter 键换行，按空格键将插入点定位到页面右下角合适位置，打开【插入】选项卡，在【文本】组中单击【日期和时间】按钮，打开【日期和时间】对话框。在【语言(国家/地区)】下拉列表框中选择【中文(中国)】选项，在【可用格式】列表框中选择一种日期格式，如图 3-20 所示，单击【确定】按钮，此时即可在文档中插入日期。

(5) 将插入点定位在第 5 行文本"是"前面，打开【插入】选项卡，在【符号】组中单击【符号】下拉按钮，从弹出的菜单中选择【其他符号】命令，打开【符号】对话框。打开【符号】选项卡，在【字体】下拉列表框中选择 Wingdings 选项，在其下的列表框中选择空心圆形符号，然后单击【插入】按钮即可插入符号，如图 3-21 所示。使用同样的方法，在文本中插入相同符号。

图 3-20　插入日期

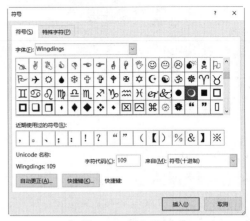

图 3-21　插入符号

(6) 将插入点定位在第 8 行文本后，打开【加载项】选项卡，在【菜单命令】组中单击【特殊符号】按钮，打开【插入特殊符号】对话框。打开【特殊符号】选项卡，在其中选择星形特殊符号，如图 3-22 所示，单击【确定】按钮，在文档中插入特殊符号。

(7) 使用同样的方法，在其他文本后插入星形特殊符号，如图 3-23 所示。

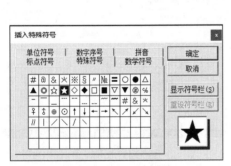

图 3-22　插入特殊符号

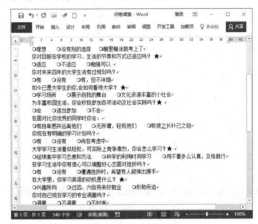

图 3-23　显示效果

实验四　查找和替换文本

☑ 实验目的

- 使用【导航】窗格
- 使用【查找和替换】对话框

☑ 知识准备与操作要求

- 打开【导航】窗格搜索文本

- 查找文本
- 替换文本

☑ 实验内容与操作步骤

启动 Word 2016，在"问卷调查"文档中将？替换为：。

(1) 启动 Word 2016，打开"实验三"制作的"问卷调查"文档。

(2) 打开【开始】选项卡，在【编辑】组中单击【查找】按钮，左侧打开【导航】窗格，如图 3-24 所示。

(3) 在【导航】窗格中输入？，在文本区域中则会查找出所有？文本，选中且以黄色底色标识，如图 3-25 所示。

图 3-24　打开【导航】窗格

图 3-25　显示搜索文本

(4) 打开【开始】选项卡，在【编辑】组中单击【替换】按钮，打开【查找和替换】对话框，在【查找内容】文本框中输入？，在【替换为】文本框中输入：，如图 3-26 所示。

(5) 单击【替换】按钮，完成第一处内容的替换，此时自动跳转到第二处符合条件的内容(符号？)处。

(6) 单击【替换】按钮，查找到的文本就被替换，然后继续查找。如果不想替换，可以单击【查找下一处】按钮，则将继续查找下一处符合条件的内容。

(7) 单击【全部替换】按钮，文档中所有的符号？都将被替换成：，并弹出如图 3-27 所示的提示框，单击【确定】按钮。

图 3-26　【查找和替换】对话框

图 3-27　单击【全部替换】按钮

实验五 检查中文语法错误

☑ 实验目的

- 使用【语法】窗格
- 检查中文语法错误

☑ 知识准备与操作要求

- 熟悉 Word 2016 拼写和语法检查功能
- 熟悉【语法】窗格

☑ 实验内容与操作步骤

打开 Word 2016，使用【语法】窗格检查中文语法错误。

(1) 启动 Word 2016，新建空白文档，输入一行文本，如"在【符号】下拉菜单菜单中选择【其他符号】命令，还提工不少命令。"其中有 2 个语法错误。打开【审阅】选项卡，在【校对】组中单击【拼写和语法】按钮，如图 3-28 所示。

(2) 打开【语法】窗格，在该窗格中列出了第一个输入错误，并将"菜单菜单"用红色波浪线划出来，如图 3-29 所示。

图 3-28 单击【拼写和语法】按钮

图 3-29 利用【语法】窗格查看语法错误

(3) 将插入点定位在"菜单菜单"字右侧，删除文本"菜单"，单击【恢复】按钮，如图 3-30 所示。

(4) 继续查找第 2 个错误，将插入点定位在"提工"字中，删除"工"字，输入"供"字，单击【恢复】按钮，如图 3-31 所示。

(5) 查找错误完毕后，将打开提示对话框，提示文本中的拼写和语法错误检查已完成，单击【确定】按钮，即可完成检查工作，文本里的波浪下画线也消失了，如图 3-32 所示。

图 3-30　删除文本

图 3-31　修改文本

图 3-32　单击【确定】按钮显示检查结果

思考与练习

一、判断题(正确的在括号内填 Y，错误则填 N)

1. 所有 Word 2016 文档或模板 ZIP 压缩包均包含一个主题文件夹。　　　　(　　)

2. 在 Word 中，用户输入内容时，按 Enter 键可从一行转至下一行。　　　(　　)

3. 在 Word 的编辑状态，执行【编辑】菜单中的【复制】命令后，剪贴板中的内容移到插入点。　　　　　　　　　　　　　　　　　　　　　　　　　　　　　　(　　)

4. Word 是一个字表处理软件，文档中不能有图片。　　　　　　　　　　(　　)

5. Word 中要浏览文档，必须按向下键以从上向下浏览文档。　　　　　　(　　)

6. Word 对新创建的文档既能执行【另存为】命令，又能执行【保存】命令。(　　)

7. Word 中在删除文本之后，仍可以恢复它。　　　　　　　　　　　　　(　　)

8. 在 Word 中，大多数组合键键盘快捷方式使用 Shift 键。　　　　　　　(　　)

9. Word 文档使用的缺省扩展名是.DOT。　　　　　　　　　　　　　　　(　　)

10. Word 中要将文本从一个位置移到另一个位置，需要复制文本。　　　(　　)

11. 在 Word 中，用户可以使用 Alt、Tab 和 Enter 键移动到功能区并启动命令。(　　)

12. 在对 Word 文档进行编辑时，如果操作错误，可单击【工具】菜单里的【自动更正】命令项，以便恢复原样。 （　　）

13. Word 在文本下加上了红色的下画线，表明该单词肯定拼写有错误。 （　　）

14. 在 Word 2016 中，删除目录时，使用键盘上的 Delete 键就可以。 （　　）

15. 在 Word 中，页面视图适合于用户编辑页眉、页脚、调整页边距，以及对分栏、图形和边框进行操作。 （　　）

16. 在 Word 中没有提供针对选定文本的字符调整功能。 （　　）

17. 在 Word 中，页面视图模式不可以显示水平标尺。 （　　）

二、单选题

1. 在 Word 中进行文本移动操作，下面说法不正确的是(　　)。
   A. 文本被移动到新位置后，原位置的文本不存在
   B. 文本移动操作首先要选定文本
   C. 可以使用【剪切】【粘贴】命令完成文本移动操作
   D. 在使用【剪切】【粘贴】命令进行文本移动时，被"剪切"的内容只能"粘贴"一次

2. 对于没有执行过存盘命令的文档，第一次执行保存命令时，将显示(　　)对话框。
   A. 保存　　　　　B. 另存为　　　　　C. 打开　　　　　D. 新建

3. 在 Word 中，当前已打开一个文件，若想打开另一文件(　　)。
   A. 首先关闭原来的文件，才能打开新文件
   B. 打开新文件时，系统会自动关闭原文件
   C. 两个文件可以同时打开
   D. 新文件的内容将会加入原来打开的文件

4. Word 2016 文档的默认文件扩展名是(　　)。
   A. docx　　　　　B. dot　　　　　C. doc　　　　　D. bmp

5. 进行粘贴操作以后，剪贴板中的内容(　　)。
   A. 空白　　　　　B. 不变　　　　　C. 被清除　　　　　D. 增加

6. 在 Word 中，下列快捷键的组合错误的是(　　)。
   A. 剪切：Ctrl+X　　B. 粘贴：Ctrl+C　　C. 保存：Ctrl+S　　D. 打开：Ctrl+O

7. Word 文本编辑中，(　　)实际上应该在文档的编辑、排版和打印等操作之前进行，因为它对许多操作都将产生影响。
   A. 页码设定　　　　B. 打印预览　　　　C. 字体设置　　　　D. 页面设置

8. 在 Word 中的查找和替换功能里，以下(　　)是可以用查找功能查找的。
   A. 段落标记　　　　B. 表格　　　　C. 网格线　　　　D. 标尺

9. 在 Word 默认状态下，按住(　　)键单击句中任意位置，可选中这一句。
   A. 左 Shift　　　　B. 右 Shift　　　　C. Ctrl　　　　D. Alt

10. 在 Word 2016 中复制文本时，选定要复制的文本，按下( )键，再用鼠标将文本拖动到插入点，随后先放开鼠标左键，再放开该键。

    A. Ctrl　　　　　　　B. Shift　　　　　　　C. Alt　　　　　　　D. Tab

11. 在 Word 中，若将光标快速地移到前一处编辑位置，可以( )。

    A. 单击垂直滚动条上的按钮　　　　　B. 单击水平滚动条上的按钮

    C. 按下 Shift+F5 组合键　　　　　　D. 按下 Ctrl+Home 组合键

12. Word 2016 属于( )。

    A. 高级语言　　　　B. 操作系统　　　　C. 语言处理软件　　D. 应用软件

13. 在 Word 中，如果要选定较长的文档内容，可先将光标定位于其起始位置，再按住( )键，单击其结束位置即可。

    A. Ins　　　　　　　B. Shift　　　　　　C. Ctrl　　　　　　　D. Alt

14. 在 Word 编辑状态下，对于选定的文字( )。

    A. 可以移动，不可以复制　　　　　　B. 可以复制，不可以移动

    C. 可以进行移动或复制　　　　　　　D. 可以同时进行移动和复制

15. Word 文本编辑中，文字的输入有插入和改写两种方式，利用键盘上的( )键可以在插入和改写两种状态下切换。

    A. Ctrl　　　　　　　B. Delete　　　　　　C. Insert　　　　　　D. Shift

16. 在 Word 中，不缩进段落的第一行，而缩进其余的行，是指( )。

    A. 首行缩进　　　　B. 悬挂缩进　　　　C. 左缩进　　　　　D. 右缩进

17. 在 Word 默认状态下，将鼠标指针移到某行行首空白处(文本选定区)，此时双击鼠标左键，则( )。

    A. 该行被选定　　　　　　　　　　　B. 该行的下一行被选定

    C. 该行所在的段落被选定　　　　　　D. 全文被选定

18. 在 Word 文档窗口中，当【开始】选项卡上【剪贴板】组中的【剪切】和【复制】命令项呈浅灰色而不能被选择时，表示的是( )。

    A. 选定的文档内容太长，剪贴板放不下

    B. 剪贴板里已经有信息了

    C. 在文档中没有选定任何信息

    D. 正在编辑的内容是页眉或页脚

19. 下列关于 Word 的功能说法错误的是( )。

    A. Word 可以进行拼写和语法检查

    B. Word 在查找和替换字符串时，可以区分大小写，但目前不能区分全角或半角

    C. Word 能以不同的比例显示文档

    D. Word 可以自动保存文件，间隔时间由用户设定

20. 在 Word 中，文本被剪切后，它被保存在( )。

    A. 临时文档　　　　　　　　　　　　B. 自己新建的文档

    C. 剪贴板　　　　　　　　　　　　　D. 硬盘

21. 在 Word 编辑状态下，若光标位于表格外右侧的行尾处，按 Enter(回车)键，结果(　　)。

    A. 光标移到下一列

    B. 光标移到下一行，表格行数不变

    C. 插入一行，表格行数改变

    D. 在本单元格内换行，表格行数不变

第 4 章
文档的格式化与排版

☑ 本章概述

在 Word 文档中，文字是组成段落的基本内容。当编辑完文本内容后，用户可对相应的段落文本进行格式化操作。Word 2016 提供了许多便捷的操作方式及管理工具来优化文档的页面版式。本章主要介绍 Word 中文本和段落设置、图文混排、添加表格、文档页面布局设置和打印 Word 文档等操作。

☑ 实训重点

- 文本和段落格式的设置
- 图片、形状、艺术字的应用
- Word 表格的应用
- 页边距、封面、页眉、页脚等排版操作
- 文档的打印设置

实验一 设置文本和段落

☑ 实验目的

- 掌握文本格式设置方法
- 掌握段落格式设置方法

☑ 知识准备与操作要求

- 学会打开【字体】和【段落】对话框
- 设置文本和段落格式
- 设置项目符号和编号

☑ 实验内容与操作步骤

打开 Word 文档，设置文本和段落的格式，并添加项目符号和编号。

(1) 启动 Word 2016，打开第 3 章制作的"问卷调查"文档，选中标题文本，在【开始】选项卡的【字体】组中单击【字体】下拉按钮，在弹出的下拉列表中选择【华文行楷】选项，如图 4-1 所示。

(2) 在【字体】组中单击【字号】下拉按钮，在弹出的下拉列表中选择【二号】选项，如图 4-2 所示。

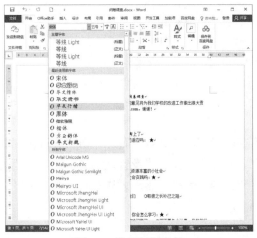

图 4-1　设置标题字体

图 4-2　设置标题字号

(3) 在【字体】组中单击【字体颜色】按钮右侧的三角按钮，在弹出的调色板中选择【橙色，个性色 2，深色 25%】色块，如图 4-3 所示。

(4) 选中正文文本，在【开始】选项卡中单击【字体】对话框启动器按钮 ，打开【字体】对话框，选择【字体】选项卡，单击【中文字体】下拉按钮，在弹出的下拉列表中选择【楷体】选项；在【字体颜色】下拉面板中选择【深蓝】色块，单击【确定】按钮，如图 4-4 所示。

图 4-3　设置字体颜色

图 4-4　【字体】对话框

(5) 按住 Ctrl 键，同时选中正文中的任意三段文本，在【开始】选项卡的【字体】组中单击【加粗】按钮，为文本设置加粗效果，如图 4-5 所示。

(6) 选中正文第一段文本，在【段落】组中单击对话框启动器按钮 ，打开【段落】对话框的【缩进和间距】选项卡，在【缩进】选项区域的【特殊格式】下拉列表中选择【首行缩进】选项，在【缩进值】微调框中设置为"2 字符"；在【间距】选项区域的【行距】下拉列表框中选择【固定值】选项，在【设置值】微调框中输入"18 磅"，在【段前】和【段后】微调框中分别输入"18 磅"，单击【确定】按钮，如图 4-6 所示。此时第一段文本段落的显示效果如图 4-7 所示。

图 4-5 加粗文本

图 4-6 设置段落

(7) 将问卷选项文本的符号删去，并按 Enter 键分段，效果如图 4-8 所示。

图 4-7 显示第一段文本的效果

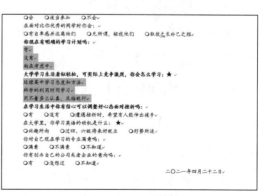

图 4-8 显示段落效果

(8) 选取需要设置项目符号的段落，在【开始】选项卡的【段落】组中单击【项目符号】下拉按钮 ，在弹出的列表框中选择一种项目符号样式，此时选中的段落将自动添加项目符号，如图 4-9 所示。

(9) 选取文档中需要设置编号的段落，在【开始】选项卡的【段落】组中单击【编号】下拉按钮 ，从弹出的列表中选择一种编号样式，选中的段落将自动设置编号，如图 4-10 所示。

图 4-9　设置项目符号

图 4-10　设置编号

实验二　图文混排 Word 文档

☑ 实验目的

- 掌握插入图片的方法
- 掌握形状的应用
- 掌握艺术字的应用

☑ 知识准备与操作要求

- 学会图片、形状、艺术字等图形的插入
- 对各类图形进行编辑

☑ 实验内容与操作步骤

打开 Word 文档，插入图片、形状、艺术字，并编辑图形形成图文混排的效果。

1. 插入图片

(1) 启动 Word 2016，打开"问卷调查"文档，将插入点定位到页面中合适的位置。

(2) 打开【插入】选项卡，在【插图】组中单击【图片】按钮，打开【插入图片】对话框，在计算机的相应位置找到目标图片，选中图片，如图 4-11 所示，单击【插入】按钮，即可将其插入到文档中。

(3) 选中文档中插入的图片后，选择【图片工具】|【格式】选项卡，在【大小】组中的【形状高度】微调框中输入"3 厘米"，按下 Enter 键，即可调节图片的高度，如图 4-12 所示。

(4) 在【排列】组中单击【环绕文字】按钮，在弹出的下拉列表中选择【四周型】选项，设置图片的环绕方式，如图 4-13 所示。

图 4-11　插入图片　　　　　　　　　图 4-12　设置高度

(5) 在【图片样式】组中单击【快速样式】按钮，在弹出的下拉样式表中选择【居中矩形阴影】样式，如图 4-14 所示。

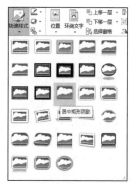

图 4-13　选择【四周型】选项　　　　　图 4-14　选择【居中矩形阴影】样式

(6) 将鼠标光标移至图片上，待鼠标光标变为形状时，按住鼠标左键不放，将图片拖动到文档的合适位置，如图 4-15 所示。

2. 插入艺术字

(1) 将插入点定位在标题栏之下的空行中，选择【插入】选项卡，在【文本】组中单击【艺术字】按钮，在艺术字列表框中选中一种艺术字样式，如图 4-16 所示。

图 4-15　拖动图片　　　　　　　　　图 4-16　选择艺术字样式

(2) 在艺术字文本框中输入文本，字体设置为【华文行楷】，字号为【2号】，选择【绘图工具】|【格式】选项卡，在【艺术字样式】组中单击【文本效果】按钮，在弹出的菜单中选择【阴影】|【向下偏移】选项，为艺术字设置阴影效果，最后艺术字效果如图4-17所示。

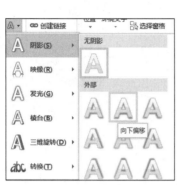

图4-17　设置艺术字效果

(3) 打开【插入】选项卡，在【插图】组中单击【形状】按钮，在弹出的下拉列表中选择【右箭头】形状，如图4-18所示。

(4) 将鼠标光标移至文档中，按住左键并拖动鼠标绘制箭头形状，如图4-19所示。

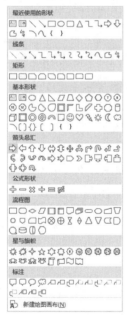

图4-18　选择【右箭头】形状　　　　　　　　图4-19　插入形状

(5) 选中文档中的形状，选择【绘图工具】|【格式】选项卡，在【形状样式】组中单击【形状填充】下拉按钮，从弹出的菜单中选择一种颜色，修改形状图形的填充颜色，如图4-20所示。

(6) 单击【形状轮廓】下拉按钮，从弹出的菜单中选择一种颜色，如图4-21所示。

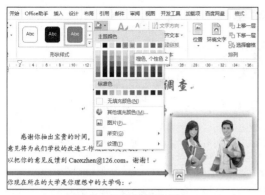

图 4-20　设置形状颜色

图 4-21　设置形状轮廓颜色

实验三　在 Word 中添加表格

☑ **实验目的**

- 掌握创建表格的方法
- 掌握表格的格式化操作

☑ **知识准备与操作要求**

- 熟悉在 Word 中添加表格的方法
- 在表格中输入文本
- 设置表格的格式

☑ **实验内容与操作步骤**

打开"问卷调查"文档，插入表格，合并单元格，设置表格文本和样式。

(1) 启动 Word 2016，打开"问卷调查"文档，将插入点定位在文档的结尾，按下 Enter 键至另起一页，输入表格标题"问卷反馈表"，并设置其文本格式，如图 4-22 所示。

(2) 将插入点定位在标题的下一行，打开【插入】选项卡，在【表格】组中单击【表格】按钮，在弹出的下拉菜单中选择【插入表格】命令，如图 4-23 所示。

(3) 打开【插入表格】对话框，在【列数】和【行数】文本框中分别输入 6 和 3，然后选中【固定列宽】单选按钮，在其后的微调框中选择【自动】选项。单击【确定】按钮关闭对话框，如图 4-24 所示，在文档中插入一个 3×6 的规则表格。

(4) 将插入点定位到第 1 个单元格中，输入文本"姓名"。使用同样方法，依次在单元格中输入文本，如图 4-25 所示。

图 4-22 输入表格标题

图 4-23 选择【插入表格】命令

图 4-24 【插入表格】对话框

图 4-25 插入表格并输入文本

(5) 选定表格的第 2 行，打开【表格工具】|【布局】选项卡，在【单元格大小】组中单击对话框启动器按钮，打开【表格属性】对话框。选择【行】选项卡，在【尺寸】选项区域中选中【指定高度】复选框，在其右侧的微调框中输入"5 厘米"，单击【确定】按钮，完成行高的设置，如图 4-26 所示。

(6) 选定表格的第 1~5 列，打开【表格属性】对话框的【列】选项卡。选中【指定宽度】复选框，在其右侧的微调框中输入"2 厘米"，单击【确定】按钮，完成列宽的设置，如图 4-27 所示。

图 4-26　设置行高　　　　　　　　　　　　图 4-27　设置第 1～5 列的列宽

(7) 使用同样的方法，在【表格属性】对话框的【列】选项卡中将表格第 6 列的宽度设置为 4.8 厘米，完成后表格效果如图 4-28 所示。

(8) 选中表格第 2 行，右击鼠标，从弹出的快捷菜单中选择【合并单元格】命令，合并单元格，如图 4-29 所示。

图 4-28　设置第 6 列的列宽　　　　　　　　图 4-29　合并单元格

(9) 选定表格的第 1 行，选择【布局】选项卡，在【对齐方式】组中单击【水平居中】按钮，设置表格第 1 行内容水平居中，如图 4-30 所示。使用同样的方法设置表格第 3 行内容水平居中。

(10) 选中整个表格，选择【表格工具】|【表设计】选项卡，在【表格样式】组中单击【其他】按钮，在弹出的列表框中选择一个表格样式，将其应用在表格之上，如图 4-31 所示。

(11) 保持表格的选中状态，在【表设计】选项卡的【边框】组中设置边框线条的笔画粗细和颜色，如图 4-32 所示。

(12) 单击【边框】下拉按钮，从弹出的列表中选择【外侧框线】和【所有框线】选项，为表格设置边框，如图 4-33 所示。

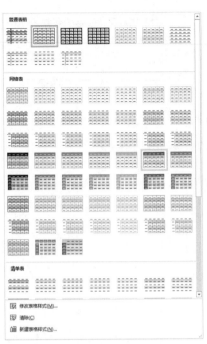

图 4-30　设置水平居中

图 4-31　选择表格样式

图 4-32　单击【边框】选项

图 4-33　设置框线

实验四　设置文档页面布局

☑ 实验目的

- 熟悉页面布局的含义
- 掌握页面设置的方法
- 掌握设置页面背景的方法

☑ **知识准备与操作要求**

- 设置页边距和纸张大小
- 添加页面背景

☑ **实验内容与操作步骤**

打开 Word 文档，设置页边距、纸张大小，插入封面、页眉、页脚，然后插入图片作为页面背景。

(1) 启动 Word 2016，打开"问卷调查"文档，打开【布局】选项卡，在【页面设置】组中单击【页边距】按钮，选择【自定义边距】命令。打开【页面设置】对话框，打开【页边距】选项卡，在【页边距】选项区域中的【上】【下】【左】【右】微调框中依次输入"4厘米""3厘米""4厘米"和"3厘米"；在【装订线】微调框中输入"1.5厘米"；在【装订线位置】下拉列表框中选择【靠上】选项，然后单击【确定】按钮，如图 4-34 所示。

(2) 打开【布局】选项卡，在【页面设置】组中单击【纸张大小】按钮，从弹出的下拉菜单中选择【其他纸张大小】命令，在打开的【页面设置】对话框中选择【纸张】选项卡，在【纸张大小】下拉列表框中选择【自定义大小】选项，在【宽度】和【高度】微调框中分别输入"20厘米"和"30厘米"，单击【确定】按钮，如图 4-35 所示。

图 4-34　设置页边距

图 4-35　设置纸张大小

(3) 打开【插入】选项卡，在【页面】组中单击【封面】按钮，在弹出的列表框中选择【丝状】选项，插入基于该样式的封面，如图 4-36 所示。

(4) 在封面页的占位符中根据提示修改或添加文字，如图 4-37 所示。

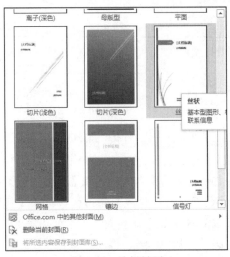

图 4-36　选择封面

图 4-37　添加封面文字

(5) 将插入点定位在文档正文第 1 页，打开【插入】选项卡，在【页眉和页脚】组中单击【页眉】按钮，在弹出的列表中选择【边线型】选项，插入该样式的页眉，如图 4-38 所示。

(6) 打开【页眉和页脚】选项卡，在【选项】组中选中【奇偶页不同】复选框，如图 4-39 所示。

图 4-38　选择页眉选项

图 4-39　设置页眉和页脚选项

(7) 打开【插入】选项卡，在【页眉和页脚】组中单击【页脚】按钮，在弹出的列表中选择【奥斯汀】选项，插入该样式的页脚，如图 4-40 所示。

(8) 在奇数页脚处输入文本，并设置字体颜色，如图 4-41 所示。

(9) 打开【页眉和页脚】选项卡，在【关闭】组中单击【关闭页眉和页脚】按钮退出页眉页脚编辑状态。

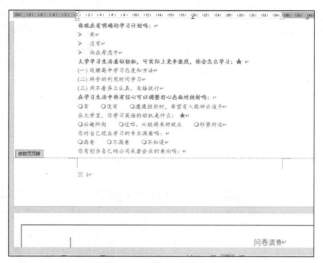

图 4-40　选择页脚选项　　　　　　　　　　图 4-41　输入页脚文本

(10) 打开【设计】选项卡，在【页面背景】组中单击【页面颜色】按钮，从弹出的快捷菜单中选择【填充效果】命令，如图 4-42 所示。

(11) 打开【填充效果】对话框，打开【图片】选项卡，单击其中的【选择图片】按钮，如图 4-43 所示。

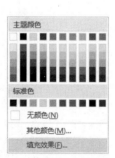

图 4-42　选择【填充效果】命令　　　　　　图 4-43　单击【选择图片】按钮

(12) 打开【插入图片】窗口，单击【浏览】按钮，如图 4-44 所示。

(13) 打开【选择图片】对话框，选择图片，单击【插入】按钮，如图 4-45 所示。

(14) 返回至【填充效果】对话框的【图片】选项卡，查看图片的整体效果，单击【确定】按钮，如图 4-46 所示。此时即可在文档中显示图片背景效果，如图 4-47 所示。

图 4-44　单击【浏览】按钮

图 4-45　选择图片

图 4-46　预览图片

图 4-47　图片背景效果

实验五　打印 Word 文档

☑ **实验目的**

* 熟悉预览文档的方法
* 掌握打印文档的方法

☑ **知识准备与操作要求**

* 使用打印预览功能，查看文档效果
* 设置打印选项，准备打印文档

☑ **实验内容与操作步骤**

打开 Word 文档，使用预览功能查看文档，选择【打印】选项界面，设置打印文档的页面范围、打印份数等参数。

(1) 启动 Word 2016，打开"问卷调查"文档，打开【文件】选项卡后选择【打印】选项，在打开界面的右侧的预览窗格中可以预览打印文档的效果，如图 4-48 所示。

(2) 拖动窗格下方的滑块对文档的显示比例进行调整，如图 4-49 所示。

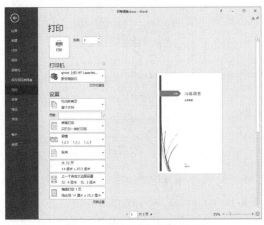

图 4-48　选择【打印】选项　　　　　　　　　　图 4-49　调整显示比例

(3) 单击窗格下方的【下一页】按钮 ▶，将显示第 2 页的页面内容，如图 4-50 所示。

(4) 单击窗格下方的【缩放到页面】按钮 ⊡，然后拖动右侧滚动条，查看第 3 页的页面内容，如图 4-51 所示。

图 4-50　单击【下一页】按钮　　　　　　　　　图 4-51　查看第 3 页页面内容

(5) 在【打印】窗格的【份数】微调框中输入 3；在【打印机】列表框中自动显示默认的打印机，如图 4-52 所示。

(6) 在【设置】选项区域的【打印所有页】下拉列表框中选择【自定义打印范围】选项，在其下的【页数】文本框中输入 "2-3"，表示打印范围为第 2～3 页文档内容，单击【单面打印】下拉按钮，从弹出的下拉菜单中选择【手动双面打印】选项，如图 4-53 所示。

图 4-52　设置打印份数

图 4-53　设置打印范围

(7) 在【调整】下拉菜单中可以设置逐份打印，如果选择【取消排序】选项，则表示多份一起打印。这里保持默认设置，即选择【调整】选项，如图 4-54 所示。

(8) 设置完打印参数后，单击【打印】按钮，即可开始打印文档，如图 4-55 所示。

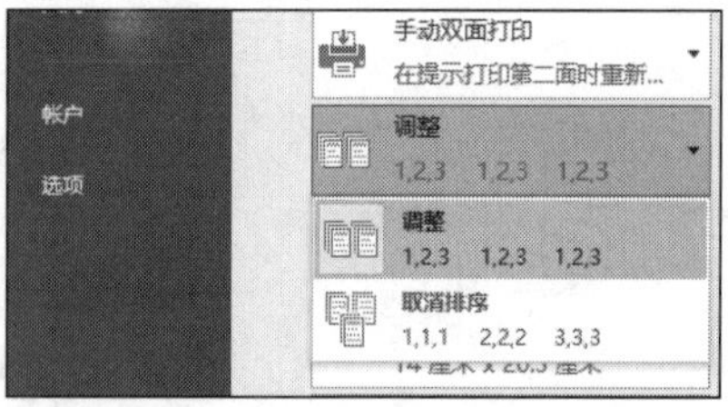

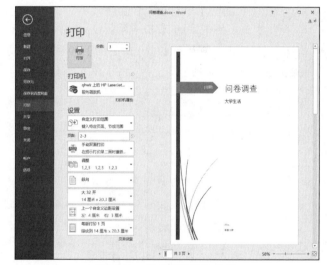

图 4-54　选择【调整】选项

图 4-55　单击【打印】按钮

思考与练习

一、判断题(正确的在括号内填 Y，错误则填 N)

1. 在 Word 2016 中，分节符意味着在此节创建的任何页眉或页脚内容仅应用于此节。

( )

2. 在 Word 2016 中，若要插入页眉或页脚，用户必须先打开页眉和页脚工作区。 ( )

3. 在 Word 2016 中，用户可以更改快速样式集中的颜色或字体。 ( )

4. 在 Word 2016 中，用户必须处于页面视图中才能查看或自定义文档中的水印。 ( )

5. 在 Word 2016 中使用邮件合并功能时，选择预览文档后，合并即已完成，且无法进行更改。 （   ）

6. Word 2016 中要更改首字下沉的字体，用户可以使用浮动工具栏或【首字下沉】对话框(可单击【插入】选项卡上的【首字下沉】进入该对话框)。 （   ）

7. 在 Word 2016 中，页面视图适合于用户编辑页眉、页脚，调整页边距，以及对分栏、图形和边框进行操作。 （   ）

8. 在 Word 2016 中，用户应通过在自动目录中输入新页码或文本来手动更新自动目录。 （   ）

9. 在 Word 2016 中使用邮件合并功能时，必须具有现有收件人列表，才能执行邮件合并。 （   ）

10. 采用 Word 默认的显示方式——普通方式，用户可以看到页码、页眉与页脚。 （   ）

11. 在 Word 2016 中使用邮件合并功能，在完成合并后，含文本和占位符的主文档会自动保存。 （   ）

12. 在 Word 2016 中添加格式和样式时请务必小心，以后无法再进行更改。 （   ）

13. 在 Word 2016 中对插入的图片，不能进行放大或缩小的操作。 （   ）

14. 在 Word 中将项目符号列表更改为编号列表的方法是，单击功能区上的【项目符号】按钮来删除项目符号，然后单击【编号】按钮来添加编号。 （   ）

15. 在 Word 2016 中，更改"目录 1"样式会更改文档中的"标题 1"样式。 （   ）

二、单选题

1. 在 Word 2016 的字体对话框中，可以设定文本的(   )。
   A. 缩进方式、字符间距　　　　　　　B. 行距、对齐方式
   C. 颜色、上标　　　　　　　　　　　D. 字号、对齐方式

2. 在 Word 的表格操作中，改变表格的行高与列宽可用鼠标操作，方法是(   )。
   A. 当鼠标指针在表格线上变为双箭头形状时拖动鼠标
   B. 双击表格线
   C. 单击表格线
   D. 单击【拆分单元格】按钮

3. 在 Word 表格中，如果将两个单元格合并，原有两个单元格的内容(   )。
   A. 不合并　　　　B. 完全合并　　　　C. 部分合并　　　　D. 有条件地合并

4. 下列有关 Word 格式刷的叙述中，正确的是(   )。
   A. 格式刷只能复制纯文本的内容
   B. 格式刷只能复制字体格式
   C. 格式刷只能复制段落格式
   D. 格式刷既可以复制字体格式也可以复制段落格式

5. 在 Word 2016 的编辑状态，要将当前编辑文档的标题设置为居中格式，应先将插入点移到该标题上，再单击【开始】选项卡上【段落】组中的( )。

    A. 匀齐   B. 左对齐   C. 居中   D. 右对齐

6. 在 Word 中，下面描述错误的是( )。

    A. 页眉位于页面的顶部   B. 奇偶页可以设置不同的页眉页脚

    C. 页眉可与文件的内容同时编辑   D. 页脚不能与文件的内容同时编辑

7. 在 Word 表格中，下列公式正确的是( )。

    A. LEFT()   B. SUM(ABOVE)   C. ABOVE   D. =SUM(LEFT)

8. 在 Word 中，图文混排操作一般应在( )视图中进行。

    A. 普通   B. 页面   C. 大纲   D. Web 版式

9. Word 默认的纸张大小是( )。

    A. A4   B. B5   C. A3   D. 16 开

10. 在 Word 文档中插入的图片默认使用的环绕方式是( )。

    A. 四周型   B. 嵌入型   C. 紧密型   D. 开放型

11. 在 Word 的编辑状态，当前编辑文档中的字体全是宋体字，选择了一段文字使之成反显状，先设定了楷体，又设定了仿宋体，则( )。

    A. 文档全文都是楷体   B. 被选择的内容仍为宋体

    C. 被选择的内容变为仿宋体   D. 文档的全部文字的字体不变

12. 在 Word 编辑状态下，要统计文档的字数，需要使用的选项卡是( )。

    A. 【开始】选项卡   B. 【页面布局】选项卡

    C. 【引用】选项卡   D. 【审阅】选项卡

13. 在 Word 中，要使文档各段落的第一行左边空出两个汉字位，可以对文档的各段落进行( )。

    A. 首行缩进   B. 悬挂缩进   C. 左缩进   D. 右缩进

14. 下列对于 Word 中表格的叙述，正确的是( )。

    A. 不能删除表格中的单元格   B. 表格中的文本只能垂直居中

    C. 可以对表格中的数据排序   D. 不可对表格中的数据进行公式计算

15. 在 Word 2016 中段落格式的设置包括( )。

    A. 首行缩进   B. 居中对齐   C. 行间距   D. 以上都对

16. 在 Word 中，如果想在某一个页面没有写满的情况下强行分页，可以插入( )。

    A. 项目符号   B. 边框   C. 分页符   D. 换行符

17. Word 文本编辑中，( )实际上应该在文档的编辑、排版和打印等操作之前进行，因为它对许多操作都会产生影响。

    A. 页码设定   B. 打印预览   C. 字体设置   D. 页面设置

18. 在 Word 中，要打印一篇文档的第 1、3、5、6、7 和 20 页，需要在打印对话框的页码范围文本框中输入(　　)。

    A. 1-3，5-7，20　　　　　　　　　　B. 1-3，5，6，7-20

    C. 1，3-5，6-7，20　　　　　　　　　D. 1，3，5-7，20

19. 在 Word 中，若将光标快速地移到前一处编辑位置，可以(　　)。

    A. 单击垂直滚动条上的按钮　　　　　　B. 单击水平滚动条上的按钮

    C. Shift+F5　　　　　　　　　　　　　D. Ctrl+Home

三、Word 操作题

使用第 4 章操作题素材，完成下列各题。

第 1 题

1. 将正文第 4 段"1888 年……最出色的。"中的句子"他的一生，就正如毕加索所说：'这人如不是一位疯子，就是我们当中最出色的。'"移动到第 5 段的末尾，成为单独一段。

2. 设置标题"文森特·梵高"样式为"标题 1"，字体为"黑体"，字号为"三号"，字形为"倾斜"，对齐方式为"居中"，段前、段后均为"15 磅"。

3. 设置正文第 1 段到最后一段样式为：首行缩进为"2 字符"，段后间距为"0.5 行"。

4. 设置页眉文字为"梵高"。

5. 设置上、下页边距均为"99.25 磅"，左、右页边距为"85 磅"。

6. 设置正文第 5 段"梵高不描绘……他只得消失。"段落边框样式为"三维"，线条样式为"样张 1"，宽度"3 磅"，底纹填充色为"橙色"。

7. 插入素材文件夹下的 W01-M.jpg 图片，设置图片高为"103.85 磅"，宽为"83.3 磅"，环绕方式为"四周型"，调整适当的位置。

第 2 题

1. 将页面设置为：上、下、左、右页边距均为 2 厘米。

2. 参考样张，在文章标题位置插入艺术字"我国报纸发展的现状"，采用第四行第三列式样，设置艺术字字体格式为隶书、40 号字，环绕方式为上下型。

3. 参考样张，为正文中的粗体字"党报地位巩固""都市报异军突起"和"专业性报纸崛起"段落设置项目编号，编号格式为"1)，2)，3)，……"。

4. 将正文倒数第 2 段中"新闻策划的作用不仅在于在重大事件报道上制造'规模效应'，还在于通过这种效应增强报社的社会效应，推动社会问题的解决，并提高报社自身的传媒形象。"一句设置为红色并加粗。

5. 为正文第一段填充"黑色，文字 1，淡色 50%"色底纹，加绿色 1.5 磅带阴影边框。

6. 设置奇数页页眉为"报纸"，偶数页页眉为"传媒"。

7. 将正文最后一段分为等宽两栏，栏间加分隔线。

第 3 题

1. 为文章添加标题"大理漫行"并将标题设置成艺术字,艺术字的式样为第四行第三列的式样,字体为华文行楷。

2. 将正文各段落"从'我背着行囊……'开始"的字符格式设置为:幼圆,小四,绿色,字符间距加宽 1.2 磅。

3. 设置段落格式:将正文第一个段落设置为首行缩进 2 字符,1.3 倍行距,段前间距 4 行;将正文其余各段落设置为首行缩进 2 字符,1.2 倍行距,段前间距 0.5 行,段后间距 0.5 行。

4. 将正文第一段最后一句"而照壁下……光彩和浪漫。"字体颜色设置为"红色"。

5. 插入页眉,页眉内容为"大学计算机基础考试"。

6. 将文档的纸张大小设置为 16 开(18.4×26 厘米),页边距设置为左、右边距 2 厘米,上边距 3 厘米。

7. 将第三和第四个段落分成三栏,栏间距为 3 个字符,栏间加分隔线;为文中最后一个段落的每一行文字添加底纹,底纹颜色为茶色背景 2。

8. 在正文后插入一个 6 行 4 列表格,设置列宽为第一列 2.5 厘米,第二列 2 厘米,第三列 1.5 厘米,第四列 3 厘米,行高为固定值 0.8 厘米,表头文字为黑体加粗,表内容为宋体,字号均为五号。表头文字及表内容均要求水平及垂直居中。外框线为 3 磅,内框线为 1 磅。

第 5 章

Excel 2016的基本操作

☑ **本章概述**

Excel 2016 是目前功能较强大的电子表格制作软件，它具有强大的数据组织、计算、分析和统计功能。本章主要介绍 Excel 工作簿和工作表的基础操作，以及输入、编辑数据等内容。

☑ **实训重点**

- 对工作簿、工作表、单元格进行相应的操作
- 输入和编辑数据

实验一　在工作簿间移动工作表

☑ **实验目的**

- 熟悉 Excel 2016 软件的工作界面
- 熟悉工作簿和工作表的操作
- 在不同工作簿之间移动或复制工作表

☑ **知识准备与操作要求**

- 掌握 Excel 2016 的工作簿和工作表的操作
- 打开【移动或复制工作表】对话框进行设置

☑ **实验内容与操作步骤**

打开 Excel 2016，将现有的"人事档案"工作簿中的"销售情况"工作表移动到"新建档案"工作簿中。

(1) 启动 Excel 2016，同时打开"新建档案"和"人事档案"工作簿后，在"人事档案"工作簿选中"销售情况"工作表，如图 5-1 所示。

（2）在【开始】选项卡的【单元格】组中单击【格式】按钮，在弹出的菜单中选择【移动或复制工作表】命令，如图 5-2 所示。

图 5-1 选中工作表

图 5-2 选择命令

（3）在打开的【移动或复制工作表】对话框中，单击【工作簿】下拉列表框按钮，在弹出的下拉列表中选择【新建档案.xlsx】选项，然后在【下列选定工作表之前】列表框中选择 Sheet1 选项，然后单击【确定】按钮，如图 5-3 所示。

（4）"人事档案"工作簿中的"销售情况"工作表将会移动至"新建档案"工作簿的 Sheet1 工作表之前，如图 5-4 所示。

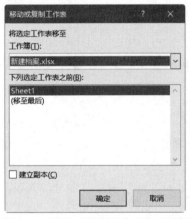

图 5-3 【移动或复制工作表】对话框

图 5-4 移动工作表

实验二 输入表格数据

☑ 实验目的

- 掌握创建工作表的方法
- 熟悉单元格的操作
- 掌握不同数据的输入方法

☑ **知识准备与操作要求**

- 创建工作簿和工作表
- 在单元格中输入数据
- 掌握数字型数据的设置

☑ **实验内容与操作步骤**

打开 Excel 2016，创建"工资表"工作簿，在 Sheet1 工作表中输入表格数据。

(1) 启动 Excel 2016，单击【空白工作簿】按钮，新建一个工作簿，如图 5-5 所示。

(2) 选择【文件】|【保存】命令，选择【浏览】选项，如图 5-6 所示。

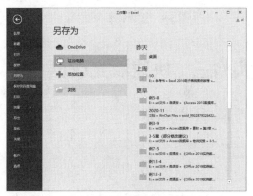

图 5-5　单击【空白工作簿】按钮　　　　图 5-6　选择【浏览】选项

(3) 打开【另存为】对话框，将其以"工资表"为名保存工作簿，如图 5-7 所示。

(4) 在"工资表"工作簿 Sheet1 工作表中，输入文本数据，如图 5-8 所示。

图 5-7　保存工作簿　　　　　　　图 5-8　输入文本数据

(5) 选定 C4:G14 单元格区域，在【开始】选项卡的【数字】选项区域中，单击其右下角的对话框启动器按钮，在打开的【设置单元格格式】对话框中选中【货币】选项，在右侧的【小数位数】微调框中设置数值为 2，【货币符号】选择¥，在【负数】列表框中选择一种负数格式，单击【确定】按钮，如图 5-9 所示。

(6) 此时，当在 C4:G14 单元格区域输入数字后，系统会自动将其转化为货币型数据，如图 5-10 所示。

图 5-9　设置货币型数据

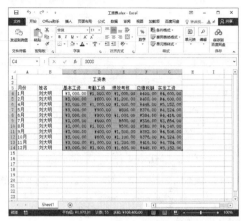

图 5-10　输入货币型数据

实验三　快速填充数据

☑ 实验目的

- 熟悉填充数据的方法
- 熟悉【序列】对话框

☑ 知识准备与操作要求

- 使用控制柄快速填充数据
- 使用【序列】对话框填充数据

☑ 实验内容与操作步骤

打开 Excel 2016，练习快速填充数据的操作。

(1) 启动 Excel 2016，选定单元格或单元格区域时会出现一个黑色边框的选区，此时选区右下角会出现一个控制柄，将鼠标光标移动至它的上方时会变成 **+** 形状，通过拖动该控制柄可实现数据的快速填充，如图 5-11 所示。

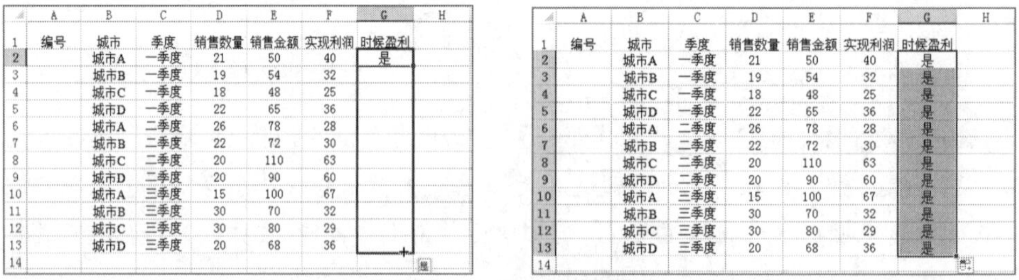

图 5-11　拖动控制柄

(2) 填充有规律的数据的方法：在起始单元格中输入起始数据，在第二个单元格中输入第二个数据，然后选择这两个单元格，将鼠标光标移动到选区右下角的控制柄上，拖动鼠标左键至所需位置，最后释放鼠标即可根据第一个单元格和第二个单元格中数据间的关系自动填充数据，如图 5-12 所示。

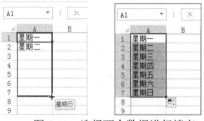

图 5-12　选择两个数据进行填充

(3) 打开"工资表"工作簿，选择 A 列，右击打开快捷菜单，选择【插入】命令，插入一个新列。在 A3 单元格中输入"编号"，在 A4 单元格中输入 1，如图 5-13 所示。

(4) 选定 A4:A14 单元格区域，选择【开始】选项卡，在【编辑】选项组中单击【填充】下拉按钮，在弹出的菜单中选择【序列】命令，如图 5-14 所示。

图 5-13　输入数据

图 5-14　选择【序列】命令

(5) 打开【序列】对话框，在【序列产生在】选项区域中选中【列】单选按钮；在【类型】选项区域中选中【等差序列】单选按钮；在【步长值】文本框中输入 1，单击【确定】按钮，如图 5-15 所示。

(6) 此时表格内自动填充步长为 1 的数据，如图 5-16 所示。

图 5-15　设置等差序列

图 5-16　自动填充数据

实验四　查找和替换数据

☑ **实验目的**

- 熟悉【查找和替换】对话框
- 掌握根据单元格格式替换数据的方法

☑ **知识准备与操作要求**

- 使用【查找和替换】对话框
- 查找并替换表格数据
- 查找并替换单元格格式

☑ **实验内容与操作步骤**

打开 Excel 2016，在工作表中查找和替换表格数据，并查找和替换单元格的格式。

(1) 启动 Excel 2016，首先在"工资表"工作簿中查找值为 800 的单元格位置，在【开始】选项卡的【编辑】组中单击【查找和选择】按钮，在弹出的快捷菜单中选择【查找】命令，如图 5-17 所示。

(2) 在打开的【查找和替换】对话框中选择【查找】选项卡，在【查找内容】文本框中输入 800，如图 5-18 所示，单击【选项】按钮，展开【查找和替换】对话框，在【范围】下拉列表框中选择【工作表】选项，然后单击【查找全部】按钮。

图 5-17　选择【查找】命令　　　　　图 5-18　输入查找内容

(3) Excel 将会开始查找整个工作表，完成后在对话框下部的列表框中显示所有满足搜索条件的内容，如图 5-19 所示。

(4) 在【查找和替换】对话框中选择【替换】选项卡，在【替换为】文本框内输入 700，单击【替换为】后面的【格式】下拉列表按钮，在弹出的下拉菜单中选择【格式】选项，如图 5-20 所示。

图 5-19　查找结果

图 5-20　设置替换内容

(5) 打开【替换格式】对话框，选择【字体】选项卡，设置【字形】为"加粗倾斜"，如图 5-21 所示。

(6) 选择【填充】选项卡，设置一种背景色，然后单击【确定】按钮，如图 5-22 所示。

图 5-21　设置替换文本格式

图 5-22　设置替换填充效果

(7) 返回【查找和替换】对话框，单击【预览】按钮可预览效果，然后单击【全部替换】按钮，如图 5-23 所示。

(8) 此时原来是 800 数据改为 700，且所在单元格的格式已经改变，如图 5-24 所示。

图 5-23　单击【全部替换】按钮

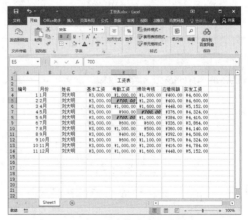

图 5-24　替换数据和格式效果

实验五 拆分和冻结工作簿

☑ 实验目的

- 掌握【拆分窗口】功能
- 掌握【冻结窗格】功能

☑ 知识准备与操作要求

- 拆分工作簿
- 冻结工作簿

☑ 实验内容与操作步骤

打开 Excel 2016，通过【拆分窗口】功能，将工作簿窗口拆分为多个窗口查看，然后冻结表格的标题栏。

(1) 启动 Excel 2016，打开"工资表"工作簿的 Sheet1 工作表，选定任意一个单元格，然后在【视图】选项卡的【窗口】组中单击【拆分】按钮，此时 Excel 2016 会从选定单元格处将当前工作簿窗口分为 4 部分，如图 5-25 所示。

(2) 拖曳十字框线，可以调整 4 个窗口的可视范围，用户可以通过滚动条移动被拆分窗口中的任意一个部分，如图 5-26 所示。若要取消拆分状态，则在【窗口】组中再次单击【拆分】选项即可。

图 5-25 拆分工作簿窗口　　　　　　　图 5-26 移动拆分窗口

(3) 在【视图】选项卡的【窗口】组中单击【冻结窗格】下拉列表按钮，在弹出的下拉列表中选中【冻结首行】选项。此时，Excel 会将单元格的首行冻结，如图 5-27 所示。

(4) 若用户需要取消首行标题栏的冻结效果，可以在【窗口】组中单击【冻结窗格】下拉列表按钮，在弹出的下拉列表中选择【取消冻结窗格】选项即可，如图 5-28 所示。

图 5-27　冻结首行窗格

图 5-28　选择【取消冻结窗格】选项

实验六　打印电子表格

☑ 实验目的

- 掌握预览 Excel 表格的方法
- 掌握打印 Excel 表格的方法

☑ 知识准备与操作要求

- 使用打印预览功能预览表格效果
- 设置打印表格的页边距、纸张大小、打印区域等参数

☑ 实验内容与操作步骤

打开 Excel 2016，使用打印预览功能，预览并打印。

(1) 启动 Excel 2016，打开"工资表"工作簿的 Sheet1 工作表，选择【文件】|【打印】命令，在最右侧显示预览效果窗格，如图 5-29 所示。

(2) 如果是多页表格，可以单击左下角的页面按钮选择页数预览。单击右下角的【缩放到页面】按钮，可以将原始页面放入预览窗格，单击其左侧的【显示边距】按钮可以显示默认页边距，如图 5-30 所示。

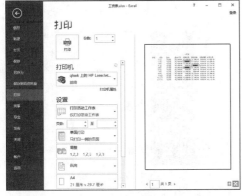

图 5-29　预览表格效果

图 5-30　显示页边距

(3) 在【打印】窗格中单击【正常边距】下拉列表，选择【窄】选项，设置页边距为窄边距，如图 5-31 所示。

(4) 在【打印】窗格中单击 A4 下拉列表，选择 A5 选项，设置纸张大小，如图 5-32 所示。

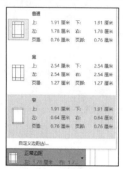

图 5-31　设置页边距

图 5-32　设置纸张大小

(5) 用户可以设置打印区域，只打印工作表中所需的部分，方法如下：返回表格界面，选定表格的 A1:H7 区域，在【页面布局】选项卡中选择【打印区域】|【设置打印区域】命令，如图 5-33 所示。

(6) 选择【文件】|【打印】命令，可以看到预览窗格中只显示表格的 A1:H7 区域，表示只打印出该区域，如图 5-34 所示。

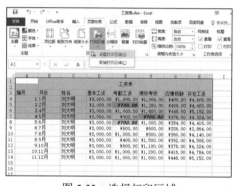

图 5-33　选择打印区域

图 5-34　预览打印效果

(7) 如果是多页的电子表格，可以在【页数】栏内输入要打印的页数，如图 5-35 所示。

(8) 在【份数】文本框内输入 3，表示要打印 3 份，最后单击【打印】按钮开始打印表格，如图 5-36 所示。

图 5-35　输入打印页数

图 5-36　设置打印份数

实验七　输入特殊数据

☑ 实验目的

- 熟悉单元格数据的输入方法
- 掌握一些特殊数据的输入方法

☑ 知识准备与操作要求

- 输入指数上标
- 自动输入小数点
- 输入一些特殊符号和特殊数据

☑ 实验内容与操作步骤

打开 Excel 2016，创建工资表，输入一些特殊数据。

(1) 启动 Excel 2016，新建一个空白工作簿和工作表。下面对一些特殊数据的输入方式进行介绍。

(2) 有一些数据处理方面的应用，经常需要用户在单元格中大量输入数值数据，如果这些数据需要保留的最大小数位数是相同的，可以在 Excel 中设置输入数据时免去小数点的输入操作，从而提高输入效率。此处以输入数据最大保留 3 位小数为例，打开【Excel 选项】对话框后，选择【高级】选项卡，选中【自动插入小数点】复选框，并在复选框下方的微调框中输入 3，如图 5-37 所示。

(3) 单击【确定】按钮，在单元格中输入 11111，将自动添加小数点，如图 5-38 所示。

图 5-37　设置【自动插入小数点】参数

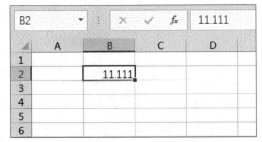

图 5-38　自动添加小数点

(4) 在通常情况下，Excel 中以 0 开头的数字默认不显示 0。若用户需要在表格中输入以 0 开头的数据，可以在选择单元格后，先在单元格中输入单引号'，再输入以 0 开头的数字，并按下 Enter 键即可，如图 5-39 所示。

(5) 除此之外，右击单元格，在弹出的菜单中选择【设置单元格格式】命令，打开【设置单元格格式】对话框。在该对话框中的【分类】列表框中选中【自定义】选项后，在对话框右侧的【类型】文本框中输入 000#，并单击【确定】按钮，如图 5-40 所示。此时，可以直接在选中的单元格中输入 0001 之类以 0 开头的数字。

图 5-39　输入以 0 开头的数字　　　　　　图 5-40　设置输入数据格式

(6) 如果用户需要在单元格中输入平方等需要指数上标的数据，可以先在单元格中输入 X2，然后双击单元格，选中数字 2 并右击鼠标，在弹出的菜单中选中【设置单元格格式】命令，如图 5-41 所示。

(7) 打开【设置单元格格式】对话框，选中【上标】复选框，单击【确定】按钮，如图 5-42 所示。此时上标平方的输入效果如图 5-43 所示。

图 5-41　输入数据　　　　　　　　　　图 5-42　设置指数上标

(8) 如果用户需要在单元格中输入对号与错号，可以在选中单元格后按住 Alt 键的同时依次输入键盘右侧数字输入区中的 41420，即可输入对号；输入 41409，即可输入错号，如图 5-44 所示。

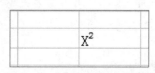

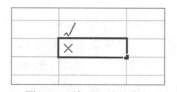

图 5-43　上标平方的输入效果　　　　　　图 5-44　输入对号与错号

(9) 如果用户需要在单元格中输入一段较长的数据，例如输入 123456789123456789，可以在输入之前先在单元格中输入单引号'，然后再输入具体的数据。这可以避免 Excel 软件自动以科学计数的方式显示输入的数据，如图 5-45 所示。

(10) 如果用户需要在单元格内输入分数，正确的输入方式是：整数部分+空格+分子+斜杠+分母，整数部分为 0 时也要输入 0 进行占位。比如要输入分数 1/4，则可以单元格内输入 0 1/4，如图 5-46 所示。

图 5-45　输入较长数据

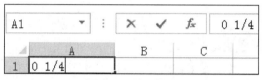

图 5-46　输入分数

(11) 输入完毕后，按 Enter 键或单击其他单元格，Excel 自动显示为 1/4。

(12) Excel 会自动对分数进行分子和分母的约分，比如输入 2 5/10，Excel 将会自动转换为 2 1/2，如图 5-47 所示。

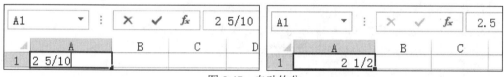

图 5-47　自动约分

(13) 如果用户输入分数的分子大于分母，Excel 会自动进位转算。比如输入 0 17/4，Excel 将会显示为 4 1/4，如图 5-48 所示。

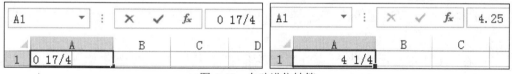

图 5-48　自动进位转算

思考与练习

一、判断题(正确的在括号内填 Y，错误则填 N)

1. 在 Excel 中，2021-8-22 和 22-August-2021 存储为不同的序列数。　　　　　　　(　　)

2. 在 Excel 中，数据类型可分为数值型和非数值型。　　　　　　　　　　　　(　　)

3. Excel 2016 所创建的文档文件就是一张 Excel 的工作表。　　　　　　　　　(　　)

4. 在 Excel 2016 中，如果用户不喜欢页面视图中的所有空白区域，唯一的选择就是更改为普通视图。　　　　　　　　　　　　　　　　　　　　　　　　　　(　　)

5. Excel 2016 中的工作簿是工作表的集合。　　　　　　　　　　　　　　　(　　)

6. 在保存 Excel 工作簿的操作过程中，默认的工作簿文件名是 Book1。 （ ）

7. 在 Excel 2016 中，在某个单元格中输入 3/5，按回车键后显示 3/5。 （ ）

8. Excel 2016 默认的各种类型数据的对齐方式是"右对齐"。 （ ）

9. 在 Excel 中，可同时打开多个工作簿。 （ ）

10. 在 Excel 2016 中，用户可以通过【工具】菜单中【工具栏】选项的级联菜单选择哪些工具栏显示与否，也可以重组自己的工具栏。 （ ）

11. 在 Excel 2016 中，若在某工作表的第 5 行上方插入两行，则先选定第五、六行两行。
（ ）

12. 如果将用 Excel 早期版本创建的文件保存为 Excel 2016 文件，则该文件可以使用所有的 Excel 新功能。 （ ）

13. 在 Excel 中，选取单元范围不能超出当前屏幕范围。 （ ）

14. Excel 不能在不同的工作簿中移动和复制工作表。 （ ）

15. Excel 每个新工作簿都包含三个工作表，用户可以根据需要更改自动编号。 （ ）

16. 在 Excel 2016 中，如果要在单元格中输入当天的日期，则按 Ctrl+Shift+：(冒号)组合键。 （ ）

17. Excel 规定在同一个工作簿中不能引用其他工作表。 （ ）

18. 在 Excel 新工作表中，必须首先在单元格 A1 中输入内容。 （ ）

19. 在 Excel 2016 中，一些命令仅在需要时显示。 （ ）

20. Excel 难以直观地传达信息。 （ ）

21. 在 Excel 中，"名称框"显示活动单元格的内容。 （ ）

22. Excel 规定，在不同的工作表中不能将工作表名字重复定义。 （ ）

23. 有人发送给用户一个 Excel 2003 文件，用户可使用 Excel 2016 打开它。当用户在 Excel 2016 中使用该文件时，该文件会自动保存为 Excel 2016 文件，除非用户更改选项。 （ ）

24. 在 Excel 中要添加新行，需在紧靠要插入新行的位置上方的行中单击任意单元格。
（ ）

25. Excel 中的清除操作是将单元格内容删除，包括其所在的单元格。 （ ）

26. 在 Excel 中，按 Enter 可将插入点向右移动一个单元格。 （ ）

27. 一个工作簿文件的工作表的数量是没有限制的。 （ ）

28. 用户可以通过向快速访问工具栏添加命令来自定义 Excel 2016。 （ ）

29. Excel 的数据类型分为数值型、字符型、日期时间型。 （ ）

30. 在 Excel 中，填充自动增 1 的数字序列的操作是：单击填充内容所在的单元格，将鼠标移到填充柄上，当鼠标指针变成黑色十字形时，拖动到所需的位置，松开鼠标。（ ）

二、单选题

1. 从一个制表位跳到下一个制表位，应按下(　　)键。

    A. Enter　　　　　　B. 向右箭头　　　　　C. 对齐方式　　　　　D. 以上都不是

2. 已在 Excel 工作表的 F10 单元格中输入了八月，再拖动该单元格的填充柄往左移动，则在 F7、F8、F9 单元格会出的内容是(　　)。

    A. 九月、十月、十一月　　　　　　　　B. 七月、八月、五月

    C. 五月、六月、七月　　　　　　　　　D. 八月、八月、八月

3. 为了要使用标尺准确地确定制表位，可以拖动水平标尺上的制表符图标调整其位置，如果拖动的时候按住(　　)键，便可以看到精确的位置数据。

    A. Ctrl　　　　　　B. Alt　　　　　　C. Esc　　　　　　D. Shift

4. 在 Excel 工作表中，当前单元格的填充句柄在其(　　)。

    A. 左上角　　　　　B. 右上角　　　　　C. 左下角　　　　　D. 右下角

5. 在 Excel 工作簿中，默认的工作表个数是(　　)个。

    A. 1　　　　　　　B. 2　　　　　　　C. 3　　　　　　　D. 4

6. Excel 中活动单元格是指(　　)。

    A. 可以随意移动的单元格　　　　　　B. 随其他单元格的变化而变化的单元格

    C. 已经改动了的单元格　　　　　　　D. 正在操作的单元格

7. Excel 编辑栏可以提供以下功能(　　)。

    A. 显示当前工作表名　　　　　　　　B. 显示工作簿文件名

    C. 显示当前活动单元格的内容　　　　D. 显示当前活动单元格的计算结果

8. 在 Excel 中，输入分数 2/3 的方法是(　　)。

    A. 直接输入 2/3　　　　　　　　　　B. 先输入 0，再输入 2/3

    C. 先输入 0 和空格，再输入 2/3　　　D. 以上方法都不对

9. 在 Excel 工作表的某单元格内输入字符串 007，正确的输入方式是(　　)。

    A. 7　　　　　　　B. '007　　　　　　C. =007　　　　　D. \007

10. 在 Excel 2016 中，若在单元格输入当前日期，可以按 Ctrl 键的同时按(　　)键。

    A. ;　　　　　　　B. :　　　　　　　C. /　　　　　　　D. -

11. 在 Excel 2016 中，一个工作表最多可含有的行数是(　　)。

    A. 255　　　　　　B. 256　　　　　　C. 1048576　　　　D. 任意多

12. 在 Excel 2016 中，如果 E1 单元格的数值为 10，F1 单元格输入=E1+20，G1 单元格输入=\$E\$1+20，则(　　)。

    A. F1 和 G1 单元格的值均是 30

    B. F1 单元格的值不能确定，G1 单元格的值为 30

    C. F1 单元格的值为 30，G1 单元格的值为 20

    D. F1 单元格的值为 30，G1 单元格的值不能确定

13. 在 Excel 2016 工作表中,下列日期格式不合法的是(   )。

    A. 2021 年 12 月 31 号   B. 二〇二一年十二月三十一日

    C. 2021.12.31   D. 2021-12-31

14. 进入 Excel 编辑环境后,系统将自动创建一个工作簿,名为(   )。

    A. Book1   B. 文档 1   C. 文件 1   D. 未命名 1

15. 在 Excel 中,当一个单元格的宽度太窄而不足以显示该单元格内的数据时,在该单元格中将显示一行(   )符号。

    A. !   B. *   C. ?   D. #

16. 在 Excel 中,对于上下相邻两个含有数值的单元格用拖曳法向下做自动填充,默认的填充规则是(   )。

    A. 等比序列   B. 等差序列   C. 自定义序列   D. 日期序列

17. 在 Excel 工作表中,单元格区域 D2:E4 所包含的单元格个数是(   )个。

    A. 5   B. 6   C. 7   D. 8

18. 在 Excel 2016 中,A1 单元格设定其数字格式为整数,当输入 33.51 时,显示为(   )。

    A. 33.51   B. 33   C. 34   D. ERROR

19. 在 Excel 2016 工作表中,不正确的单元格地址是(   )。

    A. C$66   B. $C66   C. C6$6   D. C66

第6章

工作表的整理与分析

☑ **本章概述**

在 Excel 2016 中经常需要对数据进行管理与分析，如将数据按照一定的规律进行排序、筛选、分类汇总等操作。本章主要介绍 Excel 如何管理与分析数据等内容。

☑ **实训重点**

- 工作表的格式化设置
- 数据的排序、筛选、分类汇总
- 制作图表和数据透视表

实验一　设置表格格式

☑ **实验目的**

- 熟悉工作表的格式化
- 熟悉表格边框和底纹的设置
- 了解表格内置样式

☑ **知识准备与操作要求**

- 设置单元格中数据的字体格式和对齐方式
- 设置表格边框和底纹
- 套用表格内置样式

☑ **实验内容与操作步骤**

打开 Excel 2016，在"公司情况表"工作簿的"销售金额"工作表中设置表格格式。

(1) 启动 Excel 2016，打开"公司情况表"工作簿的"销售明细"工作表，如图 6-1 所示。

(2) 选中 A1 单元格，输入"销售明细表"，然后在【开始】选项卡的【字体】组的【字体】下拉列表框中选择【隶书】选项，在【字号】下拉列表框中选择20，在【字体颜色】面板中选择【橙色，个性色 6，深色 25%】色块，并且单击【加粗】按钮，如图 6-2 所示。

图 6-1　打开工作表

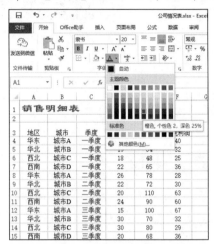

图 6-2　设置字体格式

(3) 选取单元格区域 A1:F2，在【对齐方式】组中单击【合并后居中】按钮，即可居中对齐标题并合并，如图 6-3 所示。

(4) 选定 A3: F3 单元格区域，在【字体】组单击对话框启动器按钮，打开【设置单元格格式】对话框，打开【字体】选项卡，在【字体】列表框中选择【黑体】选项，在【字号】列表框中选择12，在【下划线】下拉列表框中选择【会计用单下划线】选项，在【颜色】面板中选择一种颜色，如图 6-4 所示。

图 6-3　合并标题单元格

图 6-4　【设置单元格格式】对话框

(5) 打开【对齐】选项卡，在【水平对齐】下拉列表中选择【居中】选项，单击【确定】按钮，如图 6-5 所示。完成设置，显示标题格式的效果如图 6-6 所示。

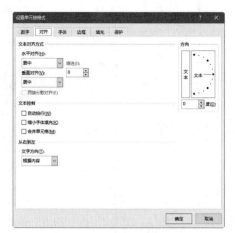

图 6-5　选择【居中】选项

<table>
<tr><td>A3</td><td>×</td><td>✓</td><td>fx</td><td>地区</td></tr>
</table>

	A	B	C	D	E	F
1			销售明细表			
2						
3	地区	城市	季度	销售数量	销售金额	实现利润
4	华东	城市A	一季度	21	50	40
5	华北	城市B	一季度	19	54	32
6	西北	城市C	一季度	18	48	25
7	西南	城市D	一季度	22	65	36
8	华东	城市A	二季度	26	78	28
9	华北	城市B	二季度	22	72	30
10	西北	城市C	二季度	20	110	63
11	西南	城市D	二季度	24	90	60
12	华东	城市A	三季度	15	100	67
13	华北	城市B	三季度	30	70	32
14	西北	城市C	三季度	30	80	29
15	西南	城市D	三季度	20	68	36
16						

图 6-6　标题格式的显示效果

(6) 选定 A3:F15 单元格区域，打开【开始】选项卡，在【字体】组中单击【边框】下拉按钮，从弹出的菜单中选择【其他边框】命令，打开【设置单元格格式】对话框，打开【边框】选项卡，在【线条】选项区域的【样式】列表框中选择右列第 7 行的样式，在【颜色】下拉列表框中选择一种颜色，在【预置】选项区域中单击【外边框】按钮，为选定的单元格区域设置外边框；然后在【线条】选项区域的【样式】列表框中选择左列第 6 行的样式，在【颜色】下拉列表框中选择【橙色，个性色 6，深色 25%】选项，在【预置】选项区域中单击【内部】按钮，单击【确定】按钮，如图 6-7 所示。此时为所选单元格区域应用设置的边框效果，如图 6-8 所示。

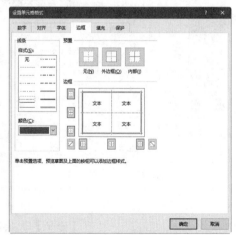

图 6-7　设置边框

图 6-8　显示边框效果

(7) 选定 A3:F3 单元格区域，打开【设置单元格格式】对话框的【填充】选项卡，在【背景色】选项区域中选择一种颜色，在【图案颜色】下拉列表中选择【白色】色块，在【图案样式】下拉列表中选择一种图案样式，单击【确定】按钮，如图 6-9 所示。此时为所选单元格区域应用设置的底纹，如图 6-10 所示。

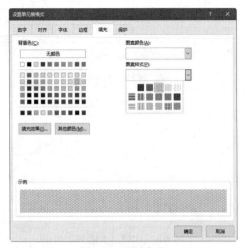

图 6-9 设置底纹　　　　　　　　　　　图 6-10 显示底纹效果

(8) Excel 2016 自带了多种单元格样式和表格样式，用户可以方便地套用这些样式。选定单元格区域 A4:A15，在【开始】选项卡的【样式】组中单击【单元格样式】按钮，在弹出的菜单中的【主题单元格样式】列表框中选择【着色 5】选项，如图 6-11 所示。此时选定的单元格区域会自动套用该样式，如图 6-12 所示。

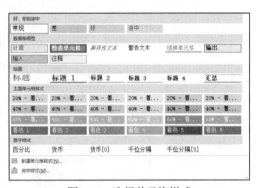

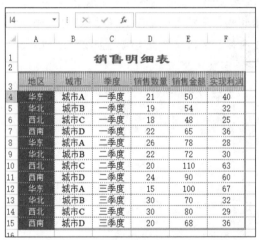

图 6-11 选择单元格样式　　　　　　　　图 6-12 套用样式效果

(9) 使用同样的方法，为其他单元格区域套用单元格样式，如图 6-13 所示。

(10) 用户还可以使用预设的表格格式，选择单元格区域 A3:F15，打开【开始】选项卡，在【样式】组中单击【套用表格格式】按钮，在弹出的菜单列表框中选择一个样式选项，如图 6-14 所示。

(11) 打开【套用表格式】对话框，单击【确定】按钮，如图 6-15 所示。此时即可自动套用该表格格式，效果如图 6-16 所示。

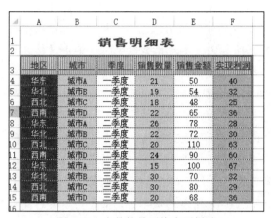

图 6-13　为其他单元格套用样式

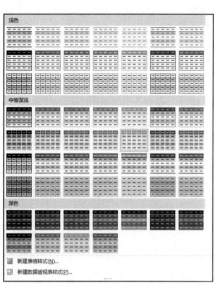

图 6-14　选择表格格式

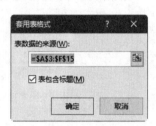

图 6-15　【套用表格式】对话框

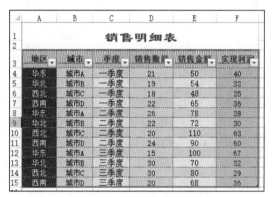

图 6-16　套用表格格式效果

实验二　设置行高和列宽

☑ **实验目的**

- 熟悉设置行高的方法
- 熟悉设置列宽的方法

☑ **知识准备与操作要求**

- 精确设置行高和列宽
- 拖动鼠标调整行高和列宽
- 自动调整行高和列宽
- 设置默认行高和列宽

☑ **实验内容与操作步骤**

打开 Excel 2016，在工作表中根据表格的制作要求，采用不同的设置方法调整表格中的行高和列宽。

(1) 启动 Excel 2016，打开"公司情况表"工作簿的"销售明细"工作表。首先精确设置表格的行高和列宽。选取第 1 列后，在【开始】选项卡的【单元格】命令组中单击【格式】下拉按钮，在弹出的列表中选择【列宽】命令，打开【列宽】对话框，在【列宽】文本框中输入数值 10，然后单击【确定】按钮即可，如图 6-17 所示。设置行高的方法与设置列宽的方法类似。

(2) 用户还可以通过在工作表行、列标签上拖动鼠标来改变行高和列宽。具体操作方法是：在工作表中选中行或列后，当鼠标指针放置在选中的行或列标签相邻的行或列标签之间时，将显示黑色双向箭头。此时，按住鼠标左键不放，向上方或下方(调整列宽时为左侧或右侧)拖动鼠标即可调整行高。同时，Excel 将显示如图 6-18 所示的提示框，提示当前的行高或列宽值。

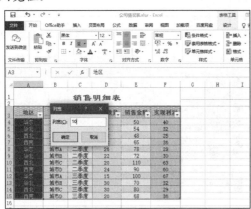

图 6-17 【列宽】对话框

图 6-18 拖动鼠标调整

(3) 当用户在工作表中设置了多种行高和列宽，或表格内容长短、高低参差不齐时，用户使用【自动调整列宽】和【自动调整行高】命令，可快速设置表格行高和列宽。打开一个行、列设置混乱的工作表后，选中表格左上角第一个单元格为当前活动单元格，如图 6-19 所示。

(4) 先按下 Ctrl+Shift+方向键→组合键，再按下 Ctrl+Shift+方向键↓组合键，选中表格中包含数据的单元格区域，如图 6-20 所示。

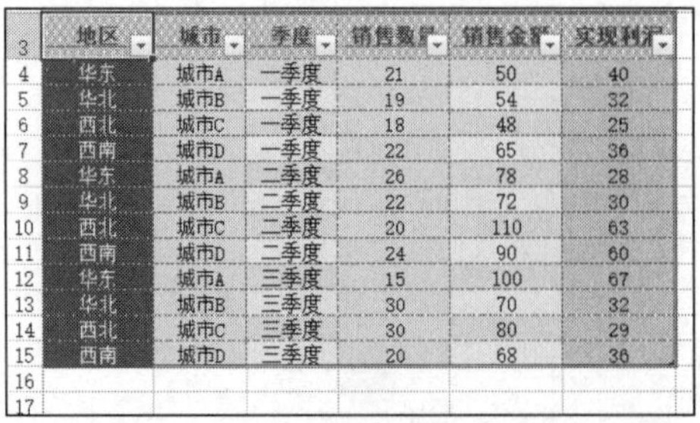

图 6-19 选中单元格

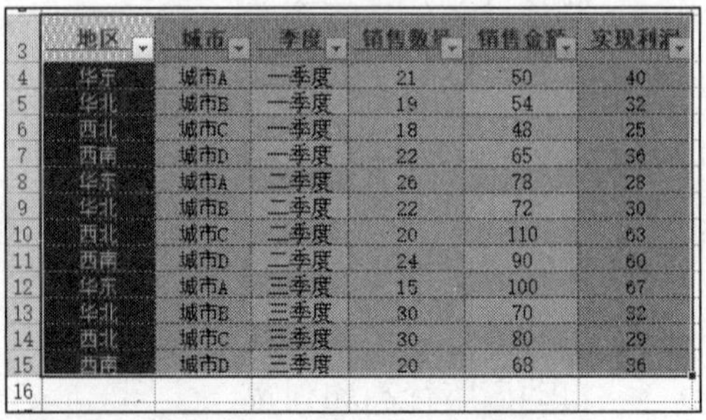

图 6-20 选中单元格区域

(5) 选择【开始】选项卡，在【单元格】命令组中单击【格式】下拉按钮，在弹出的列表中选择【自动调整列宽】命令，设置表格效果如图 6-21 所示。

(6) 单击【格式】下拉按钮后，在弹出的列表中选择【自动调整行高】命令，设置表格的效果如图 6-22 所示。

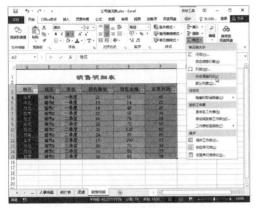

图 6-21 选择【自动调整列宽】命令

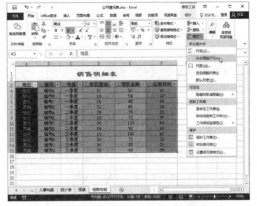

图 6-22 选择【自动调整行高】命令

(7) 用户可以在【Excel 选项】对话框的【常规】选项区域中设置新建工作表的默认行高与列宽。单击【文件】按钮，在【文件】选项卡中选择【选项】选项，打开【Excel 选项】对话框，在对话框左侧的列表中选择【常规】选项卡，在右侧的选项区域中设置【使用此字体作为默认字体】和【字号】选项参数，然后单击【确定】按钮，如图 6-23 所示。重新启动 Excel，新建工作表后，其默认行高和列宽将发生改变。

(8) 完成上一步操作后，用户可以通过单击【开始】选项卡【单元格】命令组中的【格式】下拉按钮，在弹出的列表中选择【默认列宽】命令，打开【标准列宽】对话框一次性修改工作表的所有列宽值，如图 6-24 所示。

图 6-23 设置参数

图 6-24 【标准列宽】对话框

实验三　设置条件格式

☑ **实验目的**

- 熟悉条件格式的设置
- 学会自定义条件格式

☑ **知识准备与操作要求**

- 使用图标集
- 自定义条件格式
- 设置规则分析数据

☑ **实验内容与操作步骤**

打开 Excel 2016，使用【图标集】命令对数据进行直观反映，然后自定义条件格式，最后设置【数据条】格式进行分析。

(1) 启动 Excel 2016，打开"公司情况表"工作簿的"成绩"工作表，选中需要设置条件格式的单元格区域 B3:D52。

(2) 在【开始】选项卡的【样式】命令组中，单击【条件格式】下拉按钮，在展开的下拉列表中选择【图标集】命令，在展开的选项菜单中，用户可以移动鼠标在各种样式中逐一滑过，B3:D52 被选中的单元格中将会同步显示出相应的效果，如图 6-26 所示。

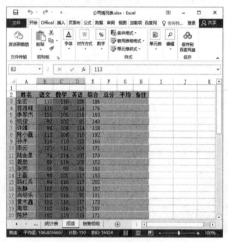

图 6-25　选中单元格区域

图 6-26　选择图标集中的样式

(3) 单击【四等级】样式，效果如图 6-27 所示。

(4) 通过自定义规则来设置条件格式，将 110 分以上的成绩用一个图标显示。选择需要设置条件格式的单元格区域 B3:D52，在【开始】选项卡的【样式】命令组中单击【条件格式】下拉按钮，在展开的下拉列表中选择【新建规则】命令，如图 6-28 所示。

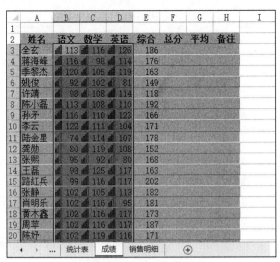

图 6-27　显示图标效果

图 6-28　选择【新建规则】命令

(5) 打开【新建格式规则】对话框，在【选择规则类型】列表框中选择【基于各自值设置所有单元格的格式】选项，单击【格式样式】下拉按钮，在弹出的下拉列表中选择【图标集】选项，然后在【图标样式】下拉列表中选择一种样式，如图 6-29 所示。

(6) 在【根据以下规则显示各个图标】组合框中，在第一个【图标】下拉列表中选择一种图标，在【值】编辑框中输入 110，在【类型】下拉列表中选择【数字】，在【当<110且】和【当<33】两行的【图标】下拉列表中选择【无单元格图标】选项，然后单击【确定】按钮，如图 6-30 所示。此时，表格中的自定义条件格式的效果如图 6-31 所示。

图 6-29　选择规则类型与格式样式

图 6-30　设置规则

(7) 下面对语文成绩 90 分以上的数据设置【数据条】格式进行分析。选中 B3:B52 单元格区域，添加新规则条件格式，打开【条件格式规则管理器】对话框，单击【新建规则】按钮，在打开的【新建格式规则】对话框中，添加相应的规则(用户根据本例要求自行设置)，数据条只显示大于 90 的数据，如图 6-32 所示。

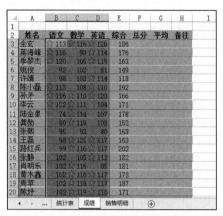

图 6-31　显示自定义条件格式效果

图 6-32　新建格式规则

实验四　进行数据排序

☑ 实验目的

- 熟悉数据排序的设置
- 掌握多条件排序和自定义条件排序

☑ 知识准备与操作要求

- 使用【排序】对话框
- 设置多个条件排序
- 设置自定义条件排序

☑ 实验内容与操作步骤

打开 Excel 2016，在工作表中按多个条件排序表格数据，然后按自定义条件排序数据。

1. 按多个条件排序表格数据

(1) 启动 Excel 2016，打开"公司情况表"工作簿的"人事档案"工作表，选择【数据】选项卡，然后单击【排序和筛选】组中的【排序】按钮，如图 6-33 所示。

(2) 在打开的【排序】对话框中单击【主要关键字】下拉列表按钮，在弹出的下拉列表中选择【奖金】选项；单击【排序依据】下拉列表按钮，在弹出的下拉列表中选中【数值】选项；单击【次序】下拉列表按钮，在弹出的下拉列表中选中【降序】选项，如图 6-34 所示。

(3) 在【排序】对话框中单击【添加条件】按钮，添加次要关键字，然后单击【次要关键字】下拉列表按钮，在弹出的下拉列表中选择【基本工资】选项；单击【排序依据】下拉列表按钮，在弹出的下拉列表中选择【数值】选项；单击【次序】下拉列表按钮，在弹出的下拉列表中选择【降序】选项，如图 6-35 所示。

(4) 完成以上设置后，在【排序】对话框中单击【确定】按钮，即可按照"奖金"和"基本工资"数据的"降序"条件对工作表中选定的数据进行排序，如图 6-36 所示。

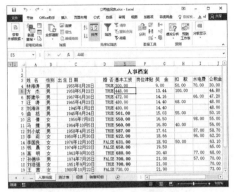

图 6-33 单击【排序】按钮

图 6-34 设置主要关键字

图 6-35 设置次要关键字

图 6-36 进行多条件排序

2. 自定义条件排序数据

(1) 选中数据表中的任意单元格，在【数据】选项卡的【排序和筛选】命令组中单击【排序】按钮。

(2) 打开【排序】对话框，单击【主要关键字】下拉列表按钮，在弹出的下拉列表中选择【性别】选项；单击【次序】下拉列表按钮，在弹出的下拉列表中选择【自定义序列】选项，如图 6-37 所示。

(3) 打开【自定义序列】对话框，在【输入序列】文本框中输入自定义排序条件"男，女"后，单击【添加】按钮，然后单击【确定】按钮，如图 6-38 所示。

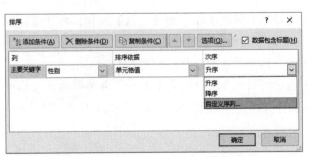

图 6-37 选择【自定义序列】选项

图 6-38 输入自定义排序条件

(4) 返回【排序】对话框后，在该对话框中单击【确定】按钮，即可完成自定义排序操作，如图 6-39 所示。

图 6-39　自定义排序效果

实验五　进行数据筛选

☑ **实验目的**

- 熟悉数据筛选的设置
- 掌握高级筛选和模糊筛选

☑ **知识准备与操作要求**

- 使用【高级筛选】对话框
- 使用模糊筛选

☑ **实验内容与操作步骤**

打开 Excel 2016，在"公司情况表"工作簿的"成绩"工作表中筛选出语文成绩大于 100 分，数学成绩大于 110 分的数据记录；在"人事档案"工作表中筛选出姓"王"且是 3 个字的名字的数据。

(1) 启动 Excel 2016，打开"公司情况表"工作簿的"成绩"工作表，然后选中 A2:E52 单元格区域，如图 6-40 所示。

(2) 选择【数据】选项卡，然后单击【排序和筛选】组中的【高级】按钮，打开【高级筛选】对话框，单击【条件区域】文本框后的按钮，如图 6-41 所示。

(3) 在工作表中选中 J2:K3 单元格区域，然后单击按钮，如图 6-42 所示。

(4) 返回【高级筛选】对话框后，单击该对话框中的【确定】按钮，即可筛选出表格中"语文"成绩大于 100 分，"数学"成绩大于 110 分的数据记录，如图 6-43 所示。

图 6-40　选中单元格区域

图 6-41　【高级筛选】对话框

图 6-42　选中条件区域

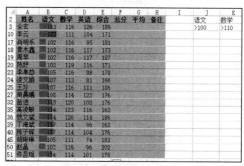

图 6-43　筛选记录

(5) 切换至"人事档案"工作表，选中 A2:A52 单元格区域，单击【数据】选项卡中的【筛选】按钮，使表格进入筛选模式，如图 6-44 所示。

(6) 单击 A2 单元格里的下拉按钮，在弹出的菜单中选择【文本筛选】|【自定义筛选】命令，如图 6-45 所示。

图 6-44　进入筛选模式

图 6-45　选择【自定义筛选】命令

(7) 打开【自定义自动筛选方式】对话框，选择条件类型为"等于"，并在其后的文本框内输入"王??"，然后单击【确定】按钮，如图 6-46 所示。此时，筛选出姓"王"且是 3 个字的名字的数据，如图 6-47 所示。

图 6-46 输入条件

图 6-47 筛选结果

实验六 进行数据分类汇总

☑ 实验目的

- 熟悉数据分类汇总的设置
- 掌握删除数据分类汇总的方法

☑ 知识准备与操作要求

- 分类汇总前使用排序功能
- 设置分类汇总

☑ 实验内容与操作步骤

打开 Excel 2016，在"公司情况表"工作簿的"成绩"工作表中将"综合"数据按"姓名"分类，并按"姓名"汇总"综合"的总分。

(1) 启动 Excel 2016，打开"公司情况表"工作簿的"成绩"工作表，在【排序和筛选】组中单击【排序】按钮。

(2) 打开【排序】对话框，选择【主要关键字】为【综合】选项，【次序】为【升序】选项，单击【确定】按钮，如图 6-48 所示。

(3) 在【数据】选项卡的【分级显示】组中单击【分类汇总】按钮，如图 6-49 所示。

图 6-48　设置排序

图 6-49　单击【分类汇总】按钮

(4) 在打开的【分类汇总】对话框中单击【分类字段】下拉列表按钮，在弹出的下拉列表中选择【姓名】选项；单击【汇总方式】下拉列表按钮，在弹出的下拉列表中选择【求和】选项；在【选定汇总项】列表中选中【综合】选项；分别选中【替换当前分类汇总】复选框和【汇总结果显示在数据下方】复选框，如图 6-50 所示。

(5) 单击【确定】按钮，即可查看表格分类汇总后的效果，如图 6-51 所示。

(6) 查看完分类汇总后，若用户需要将其删除，可以打开【分类汇总】对话框，单击【全部删除】按钮即可删除表格中的分类汇总。

图 6-50　【分类汇总】对话框

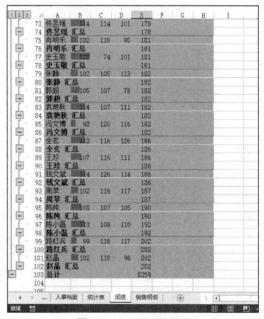

图 6-51　分类汇总结果

实验七　制作图表

☑ **实验目的**

- 掌握制作图表的步骤
- 熟悉图表的编辑

☑ 知识准备与操作要求

- 使用【插入图表】对话框
- 创建图表
- 编辑图表

☑ 实验内容与操作步骤

打开 Excel 2016，使用【插入图表】对话框给表格数据插入图表，然后编辑图表中的各种元素。

(1) 启动 Excel 2016，打开"公司情况表"工作簿的"销售明细"工作表，选择【插入】选项卡，在【图表】组中单击对话框启动器按钮 。在打开的【插入图表】对话框左侧的窗格中选择图表类型，单击【确定】按钮，如图 6-52 所示。此时，在工作表中创建一个图表，如图 6-53 所示。

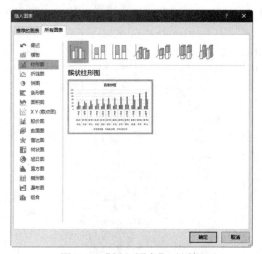

图 6-52 【插入图表】对话框

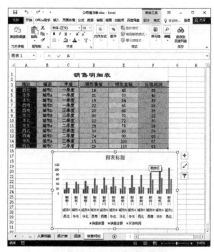

图 6-53 创建图表

(2) 选中页面中插入的图表，按住左键拖动图表，可以调整图表在 Excel 工作区中的位置。

(3) 单击图表右侧的【图表筛选器】按钮 ，在打开的对话框中可以选择图表中显示的数据项，完成后单击【应用】按钮即可，如图 6-54 所示。

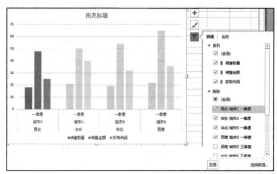

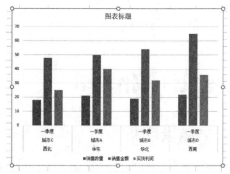

图 6-54 选择显示数据项

(4) 单击图表右侧的【图表元素】按钮，在打开的对话框中可以设置图表中显示的图表元素，如图 6-55 所示。

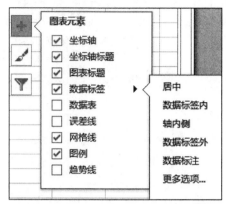
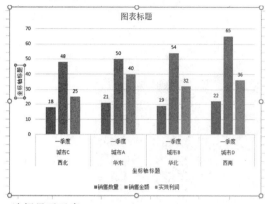

图 6-55 选择显示元素

(5) 选中图表，在【设计】选项卡的【图表布局】组中单击【快速布局】下拉列表按钮，在弹出的下拉列表中选中布局选项，如图 6-56 所示。

(6) 在【设计】选项卡中单击【图表样式】组中的【其他】按钮，在弹出的列表框中选择一种选项，图表将自动套用该样式，如图 6-57 所示。

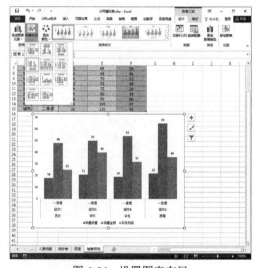
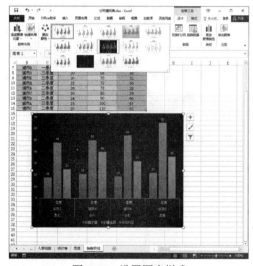

图 6-56 设置图表布局　　图 6-57 设置图表样式

(7) 图表中的各种文本都可以设置格式，比如选中【销售金额】的数据，打开【图表工具】|【格式】选项卡，选择一种艺术字样式即可更改为该样式，如图 6-58 所示。

(8) 此外还可以更改图表类型，在【设计】选项卡中单击【更改图表类型】按钮，打开【更改图表类型】对话框，选择不同类型选项，单击【确定】按钮，如图 6-59 所示。

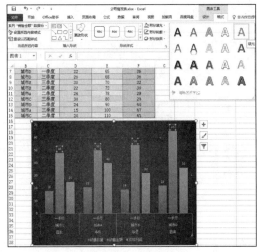

图 6-58 设置文本

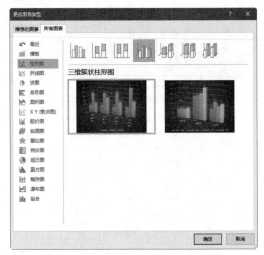

图 6-59 更改图表类型

实验八 制作数据透视表

☑ 实验目的

- 掌握制作数据透视表的步骤
- 熟悉数据透视表的设计

☑ 知识准备与操作要求

- 使用【创建数据透视表】对话框
- 创建数据透视表
- 布局数据透视表

☑ 实验内容与操作步骤

打开 Excel 2016，使用【创建数据透视表】对话框创建数据透视表，并根据情况布局数据透视表。

(1) 启动 Excel 2016，打开"公司情况表"工作簿的"人事档案"工作表，选择【插入】选项卡，在【表格】组中单击【数据透视表】按钮，打开【创建数据透视表】对话框，在【请选择要分析的数据】选项区域中选中【选择一个表或区域】单选按钮，然后单击 按钮，选定 A3:K22 单元格区域；在【选择放置数据透视表的位置】选项区域中选中【新工作表】单选按钮，单击【确定】按钮，如图 6-60 所示。

(2) 此时，在工作簿中添加一个新工作表，同时插入数据透视表，将新工作表命名为"数据透视表"，如图 6-61 所示。

图 6-60　【创建数据透视表】对话框

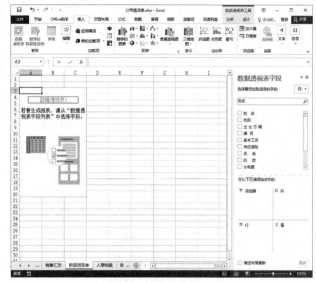

图 6-61　插入数据透视表

(3) 在【数据透视表字段】窗格的【选择要添加到报表的字段】列表中分别选中【姓名】【性别】【基本工资】【奖金】和【公积金】字段前的复选框,此时,可以看到各字段已经添加到数据透视表中,如图 6-62 所示。

(4) 在【值】列表框中单击【求和项:基本工资】下拉按钮,从弹出的菜单中选择【移动到报表筛选】命令,此时将该字段移动到【筛选器】列表框中,如图 6-63 所示。

图 6-62　添加字段

图 6-63　移动字段

(5) 在【行】列表框中选择【性别】字段,按住鼠标左键拖动到【列】列表框中,释放鼠标,即可移动该字段,此时数据透视表布局效果如图 6-64 所示。

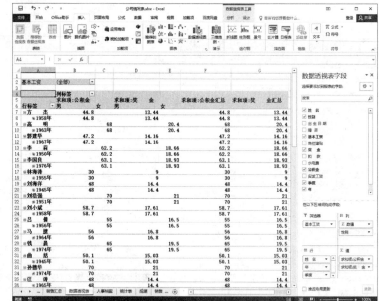

图 6-64　布局效果

思考与练习

一、判断题(正确的在括号内填 Y，错误则填 N)

1. 在 Excel 2016 中，图表一旦建立，其标题的字体、字形是不可改变的。　　（　　）

2. 在 Excel 中，生成数据透视表后，将无法更改其布局。　　（　　）

3. 若用户已经在 Excel 2016 中创建了一个图表，现在需要用另一种方式比较数据，则用户必须创建另一个图表。　　（　　）

4. Excel 中如果想清除分类汇总回到数据清单的初始状态，可以单击【分类汇总】对话框中的【全部删除】按钮。　　（　　）

5. 在 Excel 2016 中，若不设置边框，打印出来的工作表是没有表格线的。　　（　　）

6. 在 Excel 2016 中，分类汇总后的数据清单不能再恢复原工作表的记录。　　（　　）

7. 在 Excel 2016 中，可以使用报表数据在数据透视表外创建公式。　　（　　）

8. 在 Excel 2016 中，使用"记录单"可以对数据清单内的数据进行查找操作。　　（　　）

9. 在 Excel 2016 中，图表中可以没有"图例"。　　（　　）

10. 在 Excel 2016 的页面布局视图中，要向工作表添加页眉，但是没有看到所需的命令。若要获取这些命令，则需要在显示有"单击可添加页眉"的区域中单击。　　（　　）

11. 在 Excel 2016 中，添加筛选的唯一方法是单击"行标签"或"列标签"旁边的箭头。
　　（　　）

12. 在 Excel 2016 中，可以使用【绘图】工具栏插入艺术字。　　（　　）

13. 在 Excel 2016 中，只有在"普通视图"下才能移动分页符。　　（　　）

14. 在 Excel 2016，排序时每次只能按一个关键字段排序。　　　　　（　　）

15. Excel 中的筛选是根据给定的条件，从数据清单中找出并显示满足条件的记录，不满足条件的记录被删除。　　　　　（　　）

16. 在 Excel 中，用户可以看到是否向字段应用了筛选。　　　　　（　　）

17. 在 Excel 2016 中进行单元格复制时，无论单元格是什么内容，复制出来的内容与原单元格总是完全一致的。　　　　　（　　）

18. 在 Excel 中，当某个字段旁边显示加号 (+) 时，表示该报表中存在有关该字段的详细信息。　　　　　（　　）

19. 在 Excel 中，删除工作表中对图表有链接的数据，图表将自动删除相应的数据。

（　　）

20. 在 Excel 2016 中，要把 A1 单元格中的内容"商品降价信息表"作为表格标题居中，其操作步骤是：首先拖动选定该行的单元格区域(选定区域同下面的表格一样宽)，然后单击【格式】工具栏中的【居中】按钮即可。　　　　　（　　）

21. Excel 创建图表之后无法更改图表类型。　　　　　（　　）

22. 在 Excel 2016 中，人工分页时可以在水平方向，也可以在垂直方向上分页。（　　）

23. Excel 规定在同一个工作薄中不能引用其他工作表。　　　　　（　　）

24. 在 Excel 中，除了饼图形状与柱形图形状不同外，柱形图与饼图之间没有差别。

（　　）

25. 在 Excel 2016 中，"名称框"显示活动单元格的内容。　　　　　（　　）

26. 在 Excel 2016 中，用户可以重复使用为周报表或月报表创建的图表样式。（　　）

27. Excel 中的图表工具同样也会出现在 PowerPoint 中。　　　　　（　　）

28. 在 Excel 2016 中，分类汇总操作之前可以不进行排序操作。　　　　　（　　）

29. 在 Excel 2016 中，单元格的数据格式定义包括五部分：数字、对齐、字体、边框和图案。　　　　　（　　）

二、单选题

1. 下面关于 Excel 中筛选与排序叙述正确的是(　　　)。

　　A. 排序重排数据清单；筛选是显示满足条件的行，暂时隐藏不必显示的行

　　B. 筛选重排数据清单；排序是显示满足条件的行，暂时隐藏不必显示的行

　　C. 排序是查找和处理数据清单中数据子集的快捷方法；筛选是显示满足条件的行

　　D. 排序不重排数据清单；筛选重排数据清单

2. 在 Excel 2016 中，在打印学生成绩单时，对不及格的成绩用醒目的方式表示(如用红色表示等)，当要处理大量的学生成绩时，利用(　　　)最为方便。

　　A. 查找　　　　　　B. 条件格式　　　　C. 数据筛选　　　　D. 定位

3. 在 Excel 2016 工作表中，不正确的单元格地址是(　　　)。

　　A. C$66　　　　　B. $C66　　　　　C. C6$6　　　　　D. C66

4. 在 Excel 2016 中，关于工作表及为其建立的嵌入式图表的说法，正确的是(　　)。

A. 删除工作表中的数据，图表中的数据系列不会删除

B. 增加工作表中的数据，图表中的数据系列不会增加

C. 修改工作表中的数据，图表中的数据系列不会修改

D. 以上三项均不正确

5. 某区域由 A4、A5、A6 和 B4、B5、B6 组成，下列不能表示该区域的是(　　)。

A. A4:B6　　　　B. A4:B4　　　　C. B6:A4　　　　D. A6:B4

6. 在 Excel 中，清除单元格的命令中不包含的选项是(　　)。

A. 格式　　　　B. 批注　　　　C. 内容　　　　D. 公式

7. 在 Excel 中根据数据表制作图表时，可以对(　　)进行设置。

A. 标题　　　　B. 坐标轴　　　　C. 网格线　　　　D. 都可以

第 7 章

公式与函数的使用

☑ **本章概述**

Excel 2016 中绝大多数的数据运算、统计、分析都需要使用公式与函数来得出相应的结果。本章主要介绍公式与函数的操作等内容。

☑ **实训重点**

- 输入公式
- 输入函数
- 使用名称
- 函数使用实例

实验一 输入公式

☑ **实验目的**

- 熟悉公式运算符和连接符
- 掌握编辑公式的操作
- 学会引用公式

☑ **知识准备与操作要求**

- 输入公式计算销售金额
- 复制公式
- 引用公式
- 删除公式

☑ **实验内容与操作步骤**

打开 Excel 2016，创建"热卖数码销售汇总"工作簿，输入公式计算销售金额，最后删除公式且保留计算结果。

1. 输入公式计算销售金额

(1) 启动 Excel 2016，创建"热卖数码销售汇总"工作簿，在 Sheet1 工作表中输入数据，如图 7-1 所示。

(2) 选定 D3 单元格，在单元格或编辑栏中输入公式=B3*C3，如图 7-2 所示。

图 7-1　输入数据

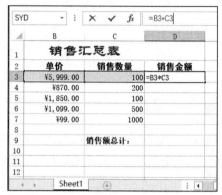

图 7-2　输入公式

(3) 按 Enter 键或单击编辑栏中的按钮 ✔，即可在单元格中计算出结果，如图 7-3 所示。

(4) 复制公式的方法与复制数据的方法相似，右击公式所在的单元格，在弹出的菜单中选择【复制】命令，然后再选定目标单元格后，右击弹出菜单，在【粘贴选项】命令选项区域中单击【粘贴】按钮，即可成功复制公式，将 D3 的公式复制到 D4 中，如图 7-4 所示。

图 7-3　计算结果

图 7-4　复制公式

(5) 使用相对引用的方法来复制公式，选中 D4 单元格，然后拖动 D4 单元格右下角的填充柄至 D7 单元格中，如图 7-5 所示。

2. 删除公式且保留计算结果

(1) 右击 D3 单元格，在弹出的快捷菜单中选择【复制】命令，复制单元格内容，如图 7-6 所示。

(2) 在【开始】选项卡的【剪贴板】选项组中单击【粘贴】按钮下方的倒三角按钮，在弹出的菜单中选择【选择性粘贴】命令，打开【选择性粘贴】对话框，在【粘贴】选项区域中选中【数值】单选按钮，然后单击【确定】按钮，如图 7-7 所示。

图 7-5 使用相对引用的方法复制公式

图 7-6 选择【复制】命令

(3) 返回工作簿窗口，此时 D3 单元格中的公式已经被删除，但计算结果仍然保存在 D3 单元格中，如图 7-8 所示。

图 7-7 【选择性粘贴】对话框

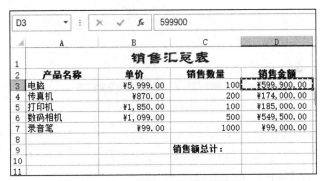

图 7-8 删除公式保留计算结果

实验二 输入函数

☑ 实验目的

- 熟悉插入函数的操作
- 了解函数类型
- 掌握函数的嵌套使用

☑ 知识准备与操作要求

- 使用【插入函数】对话框
- 使用求和函数
- 函数的嵌套使用

☑ 实验内容与操作步骤

打开 Excel 2016，在"热卖数码销售汇总"工作簿输入求和函数，计算销售总额。

(1) 启动 Excel 2016，打开"热卖数码销售汇总"工作簿的 Sheet1 工作表。

(2) 选定 D9 单元格，然后打开【公式】选项卡，在【函数库】组中单击【插入函数】按钮，如图 7-9 所示。

(3) 打开【插入函数】对话框，在【选择函数】列表框中选择 SUM 函数，单击【确定】按钮，如图 7-10 所示。

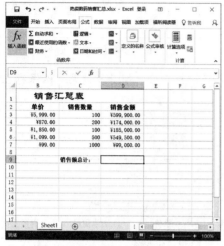

图 7-9　单击【插入函数】按钮

图 7-10　选择 SUM 函数

(4) 打开【函数参数】对话框，单击 Number1 文本框右侧的■按钮，如图 7-11 所示。

(5) 返回到工作表中，选择要求和的单元格区域，这里选择 D3:D7 单元格区域，然后单击■按钮，如图 7-12 所示。

图 7-11　【函数参数】对话框

图 7-12　选择单元格区域

(6) 返回【函数参数】对话框，单击【确定】按钮。此时，利用求和函数计算出 D3:D7 单元格中所有数据的和，并显示在 D9 单元格中，如图 7-13 所示。

(7) 下面对 D9 单元格进行函数的嵌套使用，计算税后的销售额(增值税为 4%)，选定 D9 单元格，在编辑栏中选中 =SUM(D3:D7)，并将其中的参数修改为 =SUM(D3*(1-4%),D4*(1-4%),D5* (1-4%),D6* (1-4%),D7* (1-4%))，即可实现函数嵌套功能，按 Ctrl+Enter 组合键，即可在 D9 单元格显示计算结果，并在编辑栏中显示计算公式，如图 7-14 所示。

图 7-13　计算结果

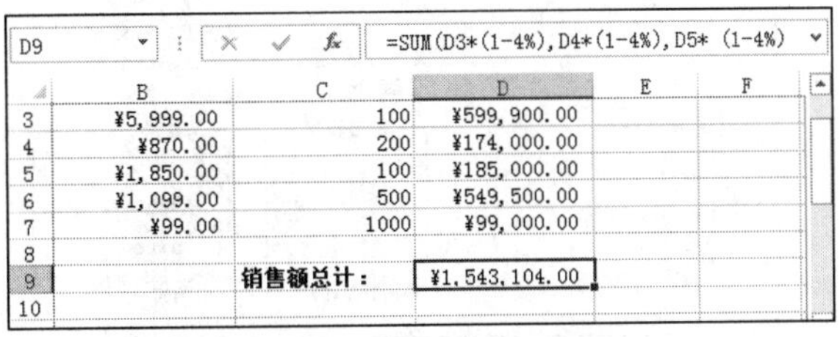

图 7-14　函数的嵌套使用

实验三　使用名称

☑ 实验目的

- 熟悉新建名称的方法
- 熟悉编辑名称的方法
- 掌握使用名称计算的方法

☑ 知识准备与操作要求

- 定义名称
- 利用名称计算
- 编辑名称

☑ 实验内容与操作步骤

打开 Excel 2016，将单元格区域定义名称，并用名称计算平均价格和销售总量。

(1) 启动 Excel 2016，打开"热卖数码销售汇总"工作簿的 Sheet1 工作表。

(2) 选定 C3:C7 单元格区域，打开【公式】选项卡，在【定义的名称】组中单击【定义名称】按钮，如图 7-15 所示。

(3) 打开【新建名称】对话框，在【名称】文本框中输入单元格区域的新名称"产品数量"，在【引用位置】文本框中可以修改单元格区域，单击【确定】按钮，完成名称的定义，如图 7-16 所示。此时，即可在名称框中显示单元格区域的名称，如图 7-17 所示。

(4) 选定 B2:B7 单元格区域并右击，然后在弹出的快捷菜单中选择【定义名称】命令。打开【新建名称】对话框，在【名称】文本框中输入单元格区域的新名称"产品单价"，然后单击【确定】按钮，即可定义单元格区域名称，如图 7-18 所示。

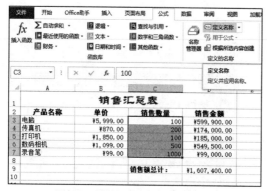

图7-15 单击【定义名称】按钮

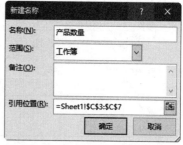

图7-16 定义名称"产品数量"

图7-17 名称框中显示名称

图7-18 定义名称"产品单价"

(5) 定义了单元格区域的名称后，可以使用名称来代替单元格的区域进行计算。选定B8单元格，在编辑栏中输入公式"=AVERAGE(产品单价)"，按Ctrl+Enter组合键，则计算出产品的平均价格，如图7-19所示。

(6) 选定C8单元格，在编辑栏中输入公式"=SUM(产品数量)"，按Ctrl+Enter组合键，则计算出产品的销售总量，如图7-20所示。

图7-19 产品的平均价格计算

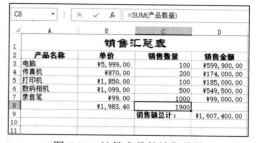

图7-20 计算产品的销售总量

(7) 若要重命名名称，用户可以在【公式】选项卡的【定义的名称】组中单击【名称管理器】按钮，打开【名称管理器】对话框，选择需要重命名的名称，然后单击【编辑】按钮，如图7-21所示。

(8) 打开【编辑名称】对话框，在【名称】文本框中输入新的名称，单击【确定】按钮即可完成重命名，如图7-22所示。

图 7-21 【名称管理器】对话框

图 7-22 【编辑名称】对话框

实验四 使用财务函数计算设备折旧值

☑ **实验目的**

- 掌握财务函数
- 熟悉计算设备折旧值的方法

☑ **知识准备与操作要求**

- 使用 SLN 函数
- 使用 SYD 函数

☑ **实验内容与操作步骤**

打开 Excel 2016，在"公司设备折旧"工作簿中使用财务函数 SYD 和 SLN 计算设备每年、每月和每日的折旧值。

1. 使用 SLN 函数

(1) 启动 Excel 2016，打开"公司设备折旧"工作簿的 Sheet1 工作表，如图 7-23 所示。

(2) 选中 C5 单元格，打开【公式】选项卡，在【函数库】组中单击【财务】按钮，从弹出的快捷菜单中选择 SLN 命令，打开【函数参数】对话框。在 Cost 文本框中输入 B3；在 Salvage 文本框中输入 C3；在 Life 文本框中输入 D3*365，然后单击【确定】按钮，使用线性折旧法计算设备每天的折旧值，如图 7-24 所示。此时显示使用线性折旧法计算设备每天的折旧值，如图 7-25 所示。

(3) 选中 C6 单元格，在编辑栏中输入公式=SLN(B3,C3,D3*12)，然后按 Enter 键，即可使用线性折旧法计算出每月的设备折旧值，如图 7-26 所示。

图 7-23　打开工作表

图 7-24　使用 SLN 函数

图 7-25　计算每天的折旧值

图 7-26　计算每月的折旧值

(4) 选中 C7 单元格，在编辑栏中输入公式=SLN(B3,C3,D3)，然后按 Ctrl+Enter 组合键，即可使用线性折旧法计算出设备每年的折旧值，如图 7-27 所示。

2. 使用 SYD 函数

(1) 选中 E5 单元格，打开【公式】选项卡，在【函数库】组中单击【财务】按钮，从弹出的快捷菜单中选择 SYD 命令，打开【函数参数】对话框。在 Cost 文本框中输入 B3；在 Salvage 文本框中输入 C3；在 Life 文本框中输入 D3；在 Per 文本框中输入 D5，单击【确定】按钮，使用年限总和折旧法计算第 1 年的设备折旧额，如图 7-28 所示。

图 7-27　每年的折旧值

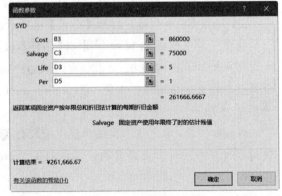

图 7-28　使用 SYD 函数

(2) 在编辑栏中将公式更改为=SYD(B3, C3,D3,D5)，然后按 Ctrl+Enter 组合键，计算公式结果。使用相对引用的方法复制公式至 E6:E9 单元格区域，计算出不同年限的折旧额，如图 7-29 所示。

(3) 选中 E11 单元格，在编辑栏中输入公式=SUM(E5:E9)，然后按 Ctrl+Enter 组合键，计算累积折旧额，如图 7-30 所示。

图 7-29　计算不同年限的折旧额

图 7-30　计算累积折旧额

实验五　使用逻辑函数考评数据

☑ 实验目的

- 掌握逻辑函数
- 学会考评和筛选数据

☑ 知识准备与操作要求

- 使用 IF 函数
- 使用 NOT 函数

☑ 实验内容与操作步骤

打开 Excel 2016，在"成绩统计"的工作簿中"考评和筛选"工作表中，使用 IF 函数和 NOT 函数考评和筛选数据。

1. 使用 IF 函数

(1) 启动 Excel 2016，打开"成绩统计"工作簿的"考评和筛选"工作表，如图 7-31 所示。

(2) 选中 F3 单元格，在编辑栏中输入"=IF(AND(C3>=80,D3>=80,E3>80),"达标","没有达标")"，如图 7-32 所示。

图 7-31　打开工作表

图 7-32　输入成绩考评公式

(3) 按 Ctrl+Enter 组合键，对"胡东"进行成绩考评，满足考评条件，则考评结果为"达标"，如图 7-33 所示。

(4) 将光标移至 F3 单元格右下角，当光标变为实心十字形时，按住鼠标左键向下拖至 F8 单元格，进行公式填充。公式填充后，如果有一门功课小于 80，将返回运算结果"没有达标"，如图 7-34 所示。

图 7-33　考评结果

图 7-34　填充公式

2. 使用 NOT 函数

(1) 选中 G3 单元格，在编辑栏中输入公式"=NOT(B3="否")"，按 Ctrl+Enter 组合键，返回结果 TRUE，筛选竞赛得奖者与未得奖者，如图 7-35 所示。

(2) 使用相对引用方式复制公式到 G4:G8 单元格区域，如果"是"竞赛得奖者，则返回结果 TRUE；反之，则返回结果 FALSE，如图 7-36 所示。

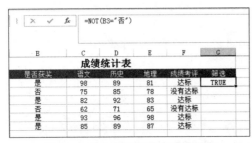

图 7-35　输入筛选得奖与否的公式

图 7-36　复制公式

实验六　使用时间函数统计数据

☑ 实验目的

- 掌握时间函数
- 统计上班时间
- 计算迟到罚金

☑ 知识准备与操作要求

- 使用 TIME 函数
- 使用 MINUTE 函数
- 使用 SECOND 函数

☑ 实验内容与操作步骤

打开 Excel 2016，在"公司考勤表"工作簿中使用时间函数统计员工上班时间，计算员工迟到的罚款金额。

(1) 启动 Excel 2016，打开"公司考勤表"工作簿的 Sheet1 工作表，如图 7-37 所示。

(2) 选中 C3 单元格，打开【公式】选项卡，在【函数库】组中单击【插入函数】按钮，打开【插入函数】对话框。然后在该对话框的【或选择类别】下拉列表框中选择【日期与时间】选项，在【选择函数】列表框中选择 HOUR 选项，并单击【确定】按钮，如图 7-38 所示。

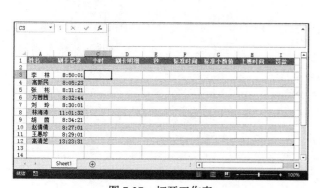

图 7-37　打开工作表

图 7-38　选择函数

(3) 打开【函数参数】对话框，在 Serial_number 文本框中输入 B3，单击【确定】按钮，统计出员工"李林"的刷卡小时数，如图 7-39 所示。

(4) 使用相对引用方式填充公式至 C4:C12 单元格区域，统计所有员工的刷卡小时数，如图 7-40 所示。

(5) 选中 D3 单元格，在编辑栏中输入公式=MINUTE(B3)，然后按 Ctrl+Enter 组合键，统计出员工"李林"的刷卡分钟数，如图 7-41 所示。

(6) 使用相对引用方式填充公式至 D4:D12 单元格区域，统计所有员工刷卡的分钟数，如图 7-42 所示。

图 7-39 【函数参数】对话框

图 7-40 填充统计小时数的公式

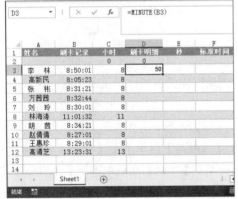

图 7-41 输入统计分钟数的公式

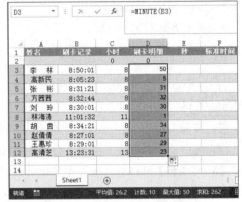

图 7-42 填充统计分钟数的公式

(7) 选中 E3 单元格，在编辑栏中输入公式=SECOND(B3)，然后按 Ctrl+Enter 组合键，统计出员工"李林"的刷卡秒数。使用相对引用方式填充公式至 E4:E12 单元格区域，统计所有员工刷卡的秒数，如图 7-43 所示。

(8) 选中 F3 单元格，在编辑栏中输入公式=TIME(C3,D3,E3)，然后按 Ctrl+Enter 组合键，即可将指定的数据转换为标准时间格式。使用相对引用方式填充公式到 F4:F12 单元格区域，将所有员工刷卡的时间转换为标准时间格式，如图 7-44 所示。

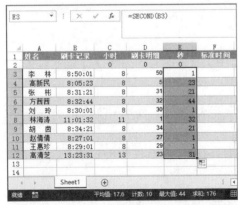

图 7-43 输入统计秒数的公式并填充公式

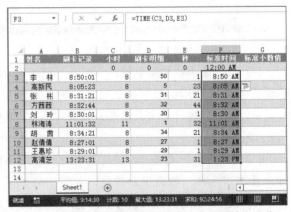

图 7-44 输入转换标准时间格式的公式并填充公式

(9) 选中 G3 单元格,在编辑栏中输入公式=TIMEVALUE("8:50:01"),然后按 Ctrl+Enter 组合键,将员工"李林"的标准时间转换为小数值,如图 7-45 所示。

(10) 使用同样的方法,计算其他员工刷卡标准时间的小数值,如图 7-46 所示。

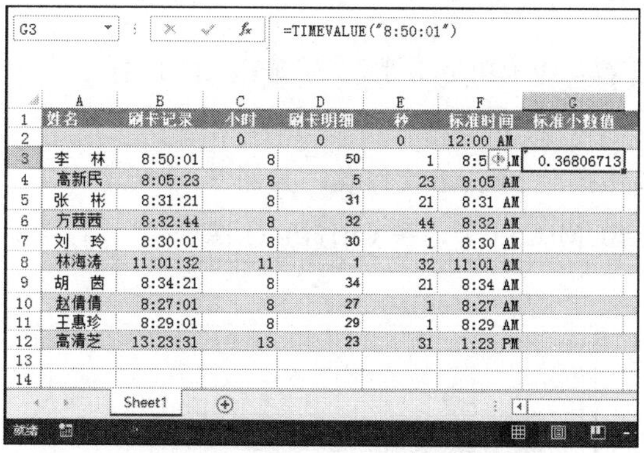

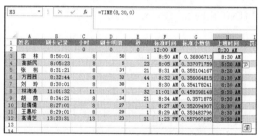

图 7-45　输入转换为小数值的公式

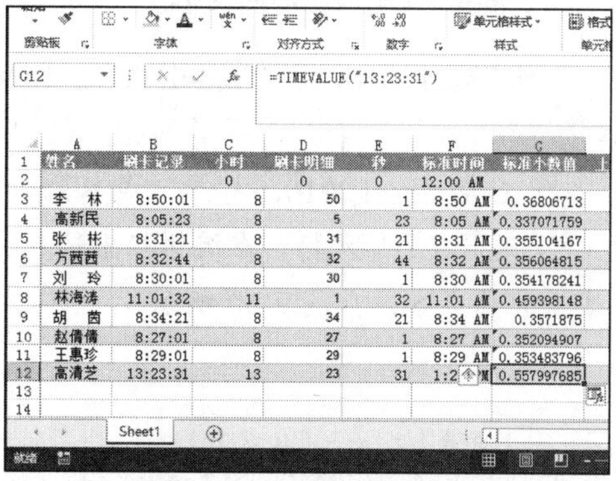

图 7-46　输入公式

(11) 选中 H3 单元格,在编辑栏中输入公式=TIME(8,30,0),然后按 Ctrl+Enter 键,输入公司规定的上班时间为 8:30 AM,此处的格式为标准时间格式。使用相对引用方式填充公式至 H3:H12 单元格区域,输入规定的标准时间格式的上班时间,如图 7-47 所示。

(12) 选中 I3 单元格,在编辑栏中输入公式 "=IF(F3<H3,"",IF(MINUTE(F3-H3)>30,"50 元", "20 元"))",然后按 Ctrl+Enter 组合键,计算"李林"罚款金额,空值表示该员工未迟到。使用相对引用方式填充公式 I4:I12 单元格区域,计算出迟到员工的罚款金额,如图 7-48 所示。

图 7-47　输入上班时间的公式并填充公式

图 7-48　输入计算罚款金额的公式并填充公式

实验七　使用查找函数查找最佳成本方案

☑ 实验目的

- 掌握查找函数
- 计算最佳成本

☑ 知识准备与操作要求

- 使用 SUM 函数

- 使用 MIN 函数
- 使用 MATCH 函数

☑ **实验内容与操作步骤**

打开 Excel 2016，在"成本分析"工作簿中计算总成本和最佳成本，并使用 MATCH 函数查找最佳方案。

(1) 启动 Excel 2016，打开"成本分析"工作簿的 Sheet1 工作表，如图 7-49 所示。

(2) 选择 C8 单元格，在编辑栏中输入公式=SUM(C5:C7)，按 Ctrl+Enter 组合键，计算出方案 1 的总成本，如图 7-50 所示。

图 7-49　打开工作表

图 7-50　输入求和公式

(3) 使用相对引用方式，复制公式至 D8:F8 单元格区域，计算出其他方案的总成本，如图 7-51 所示。

(4) 选中 C9 单元格，在编辑栏中输入公式=MIN(C8:F8)，按 Ctrl+Enter 组合键，即可计算出最佳成本数值，如图 7-52 所示。

图 7-52　输入求最小值公式

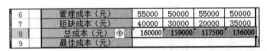

图 7-51　复制公式

(5) 选中 C10 单元格，打开【公式】选项卡，在【函数库】组中单击【查找和引用函数】按钮，从弹出的快捷菜单中选择 MATCH 命令。

(6) 打开【函数参数】对话框，在 Lookup_value 文本框中输入 C9；在 Lookup_array 文本框中输入 C8:F8；在 Match_type 文本框中输入 0，单击【确定】按钮，即可查找出最佳现金持有方案，如图 7-53 所示。

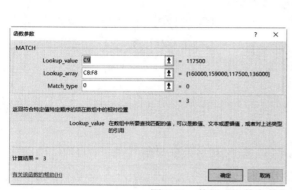

图 7-53　使用【函数参数】对话框计算结果

思考与练习

一、判断题(正确的在括号内填 Y，错误则填 N)

1. 当用户使用计算字段创建公式时，有时候 Excel 会在报表的每一行(包括分类汇总和总计)上运行该公式。不幸的是，用户对此无能为力。　　　　　　　　　　　　(　　)

2. 在 Excel 2016 中，在编辑栏中选择要更改的引用并按 F4 键可将相对引用切换为绝对引用，再按 F4 键可将绝对引用切换为相对引用。　　　　　　　　　　　(　　)

3. Excel 2016 中=(等号)是比较运算符。　　　　　　　　　　　　　　　　(　　)

4. 绝对引用是指公式中的单元格或单元格区域地址不随着公式位置的改变而发生改变。
　　　　　　　　　　　　　　　　　　　　　　　　　　　　　　　　(　　)

5. 在 Excel 中，当用户复制某一公式后，系统会自动更新单元格的内容，但不计算其结果。　　　　　　　　　　　　　　　　　　　　　　　　　　　　　　(　　)

6. 在 Excel 2016 中，可以使用报表数据在数据透视表外创建公式。　　　　(　　)

7. 在 Excel 2016 中，如果求和公式拼写错误，写成=SUME(B4:B7)，将得到一个#NAME?错误值。要修改公式，必须删除它并重新开始。　　　　　　　　　　　(　　)

二、单选题

1. 在 Excel 中，某一工作簿中有 Sheet1、Sheet2、Sheet3 共 3 张工作表，现在需要在 Sheet1 表中某一单元格中放入 Sheet2 表的 B2 至 D2 各单元格中的数值之和，正确的公式写法是(　　)。

    A. =SUM(Sheet2!B2+C2+D2)　　　　　B. =SUM(Sheet2.B2:D2)

    C. =SUM(Sheet2/B2:D2)　　　　　　　D. =SUM(Sheet2!B2:D2)

2. 在 Excel 中，与公式 SUM(B1:B4)不等价的是( )。

    A. SUM(B1+B4)   B. SUM(B1, B2, B3, B4)

    C. SUM(B1+B2, B3+B4)   D. SUM(B1+B3, B2+B4)

3. 在 Excel 2016 工作表的单元格中输入公式时，应先输入( )号。

    A. '   B. "   C. &   D. =

4. 当向 Excel 2016 工作表单元格输入公式时，使用单元格地址 D$2 引用 D 列 2 行单元格，该单元格的引用称为( )。

    A. 交叉地址引用   B. 混合地址引用   C. 相对地址引用   D. 绝对地址引用

5. 在 Excel 工作表中，要计算 A1:C8 区域中值大于等于 60 的单元格个数，应使用的公式是( )。

    A. =COUNT(A1:C8, ">=60")   B. =COUNTIF(A1:C8, >=60)

    C. =COUNT(A1:C8, >=60)   D. =COUNTIF(A1:C8, ">=60")

6. 在 Excel 中，可以将一个或多个文本连接为一个文本的运算符是( )。

    A. +   B. -   C. &   D. *

7. 当多个运算符出现在 Excel 公式中时，由高到低各运算符的优先级是( )。

    A. 括号、%、^、乘除、加减、&、比较符

    B. 括号、%、^、乘除、加减、比较符、&

    C. 括号、^、%、乘除、加减、&、比较符

    D. 括号、^、%、乘除、加减、比较符、&

8. 在 Excel 2016 工作表中，函数 ROUND(5472.614, 0)的结果是( )。

    A. 5473   B. 5000   C. 0.614   D. 5472

9. 在 Excel 工作表中，下列表示第三行、第四列的绝对地址是( )。

    A. D3   B. R3C4   C. 3D   D. R[3]R[4]

10. 在 Excel 中,若在 Book1 的工作表 Sheet2 的 C1 单元格内输入公式时，需要引用 Book2 的 Sheet1 工作表中 A2 单元格的数据，那么正确的引用为( )。

    A. Sheet1! A2   B. Book2! Sheet1!(A2)

    C. Book2Sheet1A2   D. [Book2] Sheet1! A2

三、Excel 操作题

使用"第 7 章　操作题素材"，完成下列各题。

第 1 题

在工作表 Sheet1 中完成如下操作：

1. 设置标题"公司成员收入情况表"单元格水平对齐方式为"居中"，字体为"黑体"，字号为 16。

2. 为 E7 单元格添加批注，内容为"已缴"。

3. 利用"编号"和"收入"列的数据创建图表，图表标题为"收入分析表"，图表类型

为"饼图",并作为对象插入 Sheet1 中。

在工作表 Sheet2 中完成如下操作:

4. 将工作表重命名为"工资表"。

5. 利用函数计算"年龄"列中所有人的平均年龄,并将结果存入相应单元格中。

在工作表 Sheet3 中完成如下操作:

6. 将表格中的数据以"合计"为关键字,按降序排序。

7. 利用条件格式化功能将"价格"列介于 30.00 到 50.00 之间的数据的单元格底纹颜色设置为"红色"。

第 2 题

在工作表 Sheet1 中完成如下操作:

1. 设置所有数字项单元格水平对齐方式为"居中",字形为"倾斜",字号为 14。

2. 为 C7 单元格添加批注,内容为"正常情况下"。

3. 利用条件格式化功能将"频率"列中介于 45.00 到 60.00 之间的数据的单元格底纹颜色设置为"红色"。

4. 利用"频率"和"间隔"列创建图表,图表标题为"频率走势表",图表类型为"带数据标记的折线图",并作为对象插入 Sheet1 中。

在工作表 Sheet2 中完成如下操作:

5. 将表格中的数据以"产品数量"为关键字,以递增顺序排序。

6. 利用函数计算"合计"行中各个列的总和,并将结果存入相应单元格中。

第 3 题

1. 将 Sheet1 工作表改名为"教师基本信息"。

2. 设置 A1:F17 单元格区域为双实线外边框,最细单实线内边框。

3. 将第一行单元格的填充颜色设为红色。

4. 在表格列标题所在行之前插入一行,在 A1 单元格中输入表格标题"教师信息统计表"。

5. 合并单元格 A1:F1,设置表格标题"教师信息统计表"水平居中。

6. 在"教师基本信息"工作表中,使用公式计算"奖金"列,计算公式为"奖金=基本工资+100",并将计算结果设为"数值"类型,保留 2 位小数。

7. 在"教师基本信息"工作表里,使用公式计算税金,计算公式为"税金=(基本工资+奖金)*税率",其中税率=3%,放在在 G3 单元格(使用绝对地址方式引用该单元格数值)。

8. 在"教师基本信息"工作表中,使用"姓名"和"基本工资"两列数据,建立"簇状圆柱图",将该图表作为对象插入"教师基本信息"工作表中。

第 4 题

在工作表 Sheet1 中完成如下操作:

1. 设置所有数字项单元格(C8:D14)水平对齐方式为"居中",字形为"倾斜",字号为 14。

2. 为 B13 单元格添加批注,内容为"零售产品"。

在工作表 Sheet2 中完成如下操作：

3. 利用"频率"和"间隔"列创建图表，图表标题在图表的上方，内容为"频率走势表"，图表类型为"带数据标记的折线图"，并作为对象插入 Sheet2 中。

4. 利用条件格式化功能将"频率"列中介于 45.00 到 60.00 之间的数据的单元格底纹颜色设为"红色"。

在工作表 Sheet3 中完成如下操作：

5. 将表格中的数据以"出生年月"为关键字，以递增顺序排序。

6. 利用函数计算奖学金的总和，并将结果存入 F19 单元格中。

7. 设置第 19 行的行高为 30。

第 5 题

1. 将 Sheet1 工作表标签改名为"基本情况"，并删除其余工作表。

2. 在代号列输入 001，002，003，…，006；将标题 "我的舍友"在 A1:G1 范围内设置跨列居中，设置标题字号 16。

3. 将 A2:G8 单元格区域设置为外边框红色双实线，内边框黑色单实线；并且设置第 2 行所有文字水平和垂直方向均居中对齐，行高为 30 磅。

4. 建立"基本情况"工作表的副本，命名为"计算"，在"计算"工作表中，在"手机号"列前插入两列，分别命名为"体重指数"和"体重状况"。

5. 计算"体重指数"，公式为"体重指数=体重/身高的平方"，保留 2 位小数点。在"体重状况"列使用 IF 函数标识出每位学生的身体状况：如果体重指数>24，则该学生的"体重状况"标记"超重"；如果 19<体重指数≤24，标记"正常"；如果体重指数≤19，标记"超轻"。

6. 在"基本情况"工作表内，选择"姓名"和"身高"两列，建立簇状柱形图，图表标题为"身高情况图"。

第8章

PowerPoint 2016的基本操作

☑ **本章概述**

PowerPoint 2016 是 Office 组件中一款用来制作演示文稿的软件，可以在演示过程中插入声音、视频、动画等多媒体资料。本章主要介绍 PowerPoint 2016 的基本操作和应用。

☑ **实训重点**

- 创建演示文稿
- 输入并编辑文本
- 添加修饰元素

实验一　创建演示文稿

☑ **实验目的**

- 掌握创建演示文稿的方法
- 掌握演示文稿的版式设置

☑ **知识准备与操作要求**

- 新建演示文稿
- 保存演示文稿
- 设置幻灯片版式

☑ **实验内容与操作步骤**

打开 PowerPoint 2016，创建一个名为"相册"的演示文稿，设置幻灯片的版式。

(1) 启动 PowerPoint 2016，在【新建】界面的搜索框内输入"相册"，选择【简单的结婚相册】模板选项，新建一个演示文稿，如图 8-1 所示。

(2) 选择【文件】|【另存为】命令，在界面中选择【浏览】选项，如图 8-2 所示。

图 8-1　选择模板

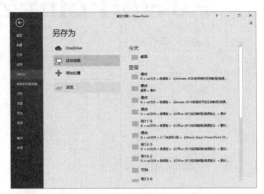

图 8-2　选择【浏览】选项

(3) 打开【另存为】对话框，设置名称为"相册"，单击【确定】按钮，如图 8-3 所示。

(4) 在【开始】选项卡的【幻灯片】组中，单击【版式】按钮，选择一种幻灯片版式，如图 8-4 所示。此时该幻灯片版式效果如图 8-5 所示。

(5) 使用相同的方式给下面几张幻灯片设置不同的版式，如图 8-6 所示。

图 8-3　【另存为】对话框

图 8-4　选择版式

图 8-5　版式效果

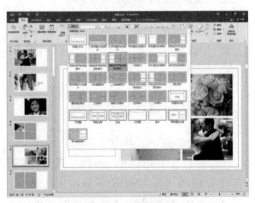

图 8-6　设置版式

（6）选择第 1 张幻灯片，设置标题文本和描述文本的格式，并删去原模板图片，如图 8-7 所示。

（7）保留前 7 张幻灯片，将其他多余幻灯片选中并删除，如图 8-8 所示。

图 8-7　设置文本

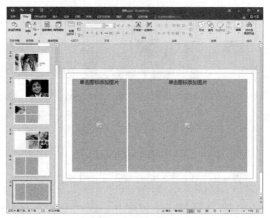

图 8-8　删除幻灯片

实验二　输入并编辑文本

☑ 实验目的

- 掌握文本的输入方法
- 掌握文本和段落的设置
- 掌握插入表格的方法

☑ 知识准备与操作要求

- 输入文本
- 设置文本和段落
- 插入表格

☑ 实验内容与操作步骤

打开 PowerPoint 2016，在"相册"演示文稿中输入并编辑文本，插入表格。

1. 输入文本

（1）启动 PowerPoint 2016，打开"相册"演示文稿。

（2）选择第 2 张幻灯片，在两个文本框内输入文本，在【开始】选项卡的【字体】组中，将字体设置为【微软雅黑】，字号分别设置为 60 和 16，如图 8-9 所示。

（3）选择第 3 张幻灯片，在两个文本框内输入文本，在【开始】选项卡的【字体】组中，将字体设置为【微软雅黑】，字号分别设置为 36 和 16，如图 8-10 所示。

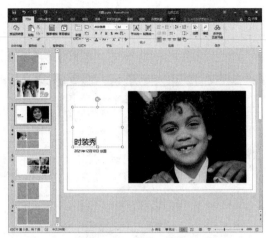

图 8-9　第 2 张幻灯片输入文本并设置格式　　　　图 8-10　第 3 张幻灯片输入文本并设置格式

　　(4) 选择第 4 张幻灯片，在两个文本框内输入文本，在【开始】选项卡的【字体】组中，将字体设置为【微软雅黑】，字号分别设置为 60 和 16，如图 8-11 所示。

　　(5) 选择第 5 张幻灯片，在两个文本框内输入文本，在【开始】选项卡的【字体】组中，将字体设置为【微软雅黑】，字号分别设置为 36 和 16，如图 8-12 所示。

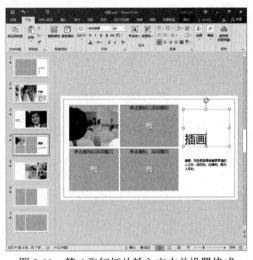

图 8-11　第 4 张幻灯片输入文本并设置格式　　　　图 8-12　第 5 张幻灯片输入文本并设置格式

　　(6) 选择第 6 张幻灯片，在两个文本框内输入文本，在【开始】选项卡的【字体】组中，将字体设置为【微软雅黑】，字号分别设置为 60 和 16，如图 8-13 所示。

2. 设置文本和段落

　　(1) 选择第 2 张幻灯片，选中幻灯片中下面的文本框，在【开始】选项卡的【段落】组中，单击对话框启动器按钮 ⬚，打开【段落】对话框，设置缩进的【特殊格式】为【首行缩进】，间距的【行距】为【单倍行距】，如图 8-14 所示。此时该文本框内段落格式的效果如图 8-15 所示。

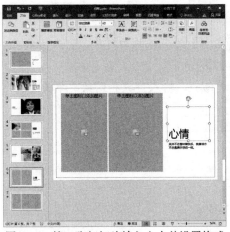

图 8-13　第 6 张幻灯片输入文本并设置格式

图 8-14　【段落】对话框

图 8-15　设置段落格式的效果

(2) 选择第 1 张幻灯片，选中幻灯片中下面的文本框，在【开始】选项卡的【段落】组中，单击【项目符号】按钮，在下拉菜单中选择一种项目符号选项，如图 8-16 所示。

(3) 选择第 7 张幻灯片，打开【插入】选项卡，单击【新建幻灯片】下拉按钮，选择【标题和内容】选项，如图 8-17 所示。

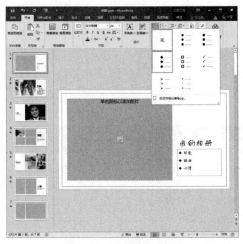

图 8-16　设置项目符号

图 8-17　选择【标题和内容】选项

3. 插入表格

(1) 添加一张【标题和内容】为版式的幻灯片，删去标题文本框，单击下面文本框中的【插入表格】按钮，如图 8-18 所示。

(2) 打开【插入表格】对话框，输入行数和列数，单击【确定】按钮，如图 8-19 所示。

图 8-18　单击【插入表格】按钮　　　　　　图 8-19　【插入表格】对话框

(3) 插入表格后，打开【表格工具】|【设计】选项卡，在【表格样式】选项区域选择一种样式，如图 8-20 所示。

(4) 在表格中输入文本，在【开始】选项卡【字体】组中设置字体和字号，并设置字体颜色，如图 8-21 所示。

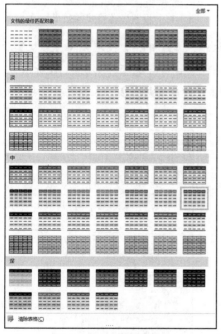

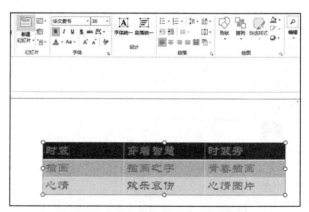

图 8-20　选择表格样式　　　　　　图 8-21　在表格中输入文本并设置格式

实验三　添加修饰元素

☑ 实验目的

- 学会在幻灯片中插入图片
- 学会在幻灯片中插入艺术字
- 学会在幻灯片中插入声音

☑ 知识准备与操作要求

- 插入并设置图片
- 插入并设置艺术字
- 插入并设置声音

☑ 实验内容与操作步骤

打开 PowerPoint 2016，在"相册"演示文稿中插入并设置图片、艺术字、声音。

1. 插入并设置图片

(1) 启动 PowerPoint 2016，打开"相册"演示文稿。

(2) 选择第 1 张幻灯片，在【单击图标以添加图片】框内单击【图片】按钮，如图 8-22 所示。

(3) 打开【插入图片】对话框，选择一张图片，单击【确认】按钮，如图 8-23 所示。

图 8-22　单击【图片】按钮

图 8-23　【插入图片】对话框

(4) 插入图片后，拖动周边控制柄可以调整图片的大小，直接拖动图片可以调整位置，如图 8-24 所示。

(5) 选中图片，打开【图片工具】|【格式】选项卡，在【图片样式】组中单击【其他】按钮，从弹出的列表框中选择一种样式，图片将快速应用该样式，如图 8-25 所示。

图 8-24　调整图片

图 8-25　图片应用样式

(6) 选择第 2 张幻灯片，删去原有图片，在【插入】选项卡中单击【图像】组中的【图片】按钮，如图 8-26 所示。

(7) 打开【插入图片】对话框，选择一张图片，单击【确认】按钮，如图 8-27 所示。

图 8-26　单击【图片】按钮

图 8-27　选择图片插入

(8) 使用上面的方法在第 3 张幻灯片中插入图片，如图 8-28 所示。

(9) 选择第 4 张幻灯片，删去原有图片，在第一个框内单击【图片】按钮插入图片，如图 8-29 所示。

图 8-28　第 3 张幻灯片中插入图片

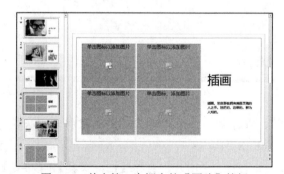

图 8-29　单击第一个框内的【图片】按钮

(10) 使用上面的方法在第 4 张幻灯片中插入 4 张图片，如图 8-30 所示。

(11) 使用相同的方法在第 5 张幻灯片中插入 4 张图片，如图 8-31 所示。

图 8-30　第 4 张幻灯片中插入图片

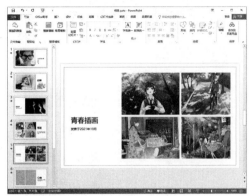

图 8-31　第 5 张幻灯片中插入图片

(12) 使用相同的方法在第 6 张幻灯片中插入 2 张图片，如图 8-32 所示。

(13) 使用相同的方法在第 7 张幻灯片中插入 2 张图片，如图 8-33 所示。

图 8-32　第 6 张幻灯片中插入图片

图 8-33　第 7 张幻灯片中插入图片

2. 插入并设置艺术字

(1) 在第 7 张幻灯片中输入艺术字，选择【插入】选项卡，在【文本】组中单击【艺术字】按钮，选择一种艺术字样式，如图 8-34 所示。在文本框内输入艺术字，效果如图 8-35 所示。

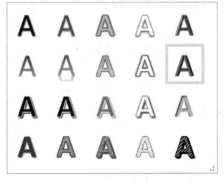

图 8-34　选择艺术字样式

图 8-35　输入艺术字

（2）打开【绘图工具】|【格式】选项卡，在【形状样式】组中单击【形状效果】按钮，从弹出的菜单中选择【三维旋转】|【右向对比透视】效果，如图 8-36 所示。

图 8-36　选择形状效果

3. 插入并设置声音

（1）选择第 1 张幻灯片，选择【插入】选项卡，在【媒体】组中单击【音频】下拉按钮，在弹出的命令列表中选择【PC 上的音频】命令，如图 8-37 所示。

（2）打开【插入音频】对话框，选择一个音频文件，单击【插入】按钮，如图 8-38 所示。

图 8-37　选择【PC 上的音频】命令

（3）此时将出现声音图标，使用鼠标将其拖动到幻灯片的右上角，单击【播放】按钮▶，试听声音，如图 8-39 所示。

图 8-38　【插入音频】对话框

图 8-39　调整声音图标

思考与练习

一、判断题(正确的在括号内填 Y，错误则填 N)

1. 在 PowerPoint 2016 中，在大纲视图模式下，文本的某些格式将不能显示出来，如字

体颜色。　　　　　　　　　　　　　　　　　　　　　　　　　　（　　）

2. 在 PowerPoint 2016 中，在大纲视图模式下，只能显示出标题和正文，不显示图像、表格等其他信息。　　　　　　　　　　　　　　　　　　　　　（　　）

3. 在 PowerPoint 中，普通视图包含两个区，即大纲区和幻灯片区。　　（　　）

4. 在 PowerPoint 2016 中，用户可以通过在【插入】菜单的【插图】窗格中执行操作以实现在 PPT 中添加形状。　　　　　　　　　　　　　　　　　　（　　）

5. PowerPoint 2016 中预先定义了幻灯片的背景色彩、文本格式、内容布局，称为幻灯片的版式。　　　　　　　　　　　　　　　　　　　　　　　　　　（　　）

6. PowerPoint 的幻灯片浏览视图中，屏幕上可以同时看到演示文稿的多幅幻灯片的缩略图。　　　　　　　　　　　　　　　　　　　　　　　　　　　　（　　）

7. 在 PowerPoint 中，艺术字可以放大或缩小，但不能自由旋转。　　（　　）

8. 制作多媒体报告可以使用 PowerPoint。　　　　　　　　　　　　（　　）

9. 在幻灯片浏览视图下显示的幻灯片的大小不能改变。　　　　　　（　　）

10. 在 PowerPoint 中的浏览视图下，不能采用剪切、粘贴的方法移动幻灯片。　（　　）

二、单选题

1. 在 PowerPoint 中，若在大纲视图下编辑文本，则(　　)。
   A. 该文本只能在幻灯片视图中修改
   B. 可以在幻灯片视图中修改文本，也能在大纲视图中修改文本
   C. 只能在大纲视图中修改文本
   D. 以上都不对

2. 在 PowerPoint 中，下列有关修改图片的说法错误的是(　　)。
   A. 裁剪图片是指保存图片的大小不变，而将不希望显示的部分隐藏起来
   B. 当需要重新显示被隐藏的部分时，还可以通过"裁剪"工具进行恢复
   C. 按住鼠标右键向图片内部拖动时，可以隐藏图片的部分区域
   D. 要裁剪图片，首先选定图片，然后单击【图片工具】|【格式】选项卡中的【裁剪】按钮

3. 在 PowerPoint 2016 中的浏览视图下，按住 Ctrl 并拖动某幻灯片，可以完成(　　)操作。
   A. 移动幻灯片　　　B. 复制幻灯片　　　C. 删除幻灯片　　　D. 选定幻灯片

4. PowerPoint 2016 文档的默认扩展名是(　　)。
   A. DOCX　　　　B. XLSX　　　　C. PTPX　　　　D. PPTX

5. PowerPoint 2016 系统是一个(　　)软件。
   A. 文字处理　　　B. 演示文稿　　　C. 图形处理　　　D. 表格处理

第 9 章

演示文稿的设置与放映

☑ 本章概述

在制作幻灯片时，为幻灯片设置母版可使整个演示文稿保持一个统一的风格；为幻灯片添加动画效果，可使幻灯片更加生动形象。用户可以选择最为理想的放映速度与放映方式，让幻灯片放映过程更加清晰明确。本章主要介绍 PowerPoint 2016 如何设置和放映演示文稿等内容。

☑ 实训重点

- 设置幻灯片母版
- 设置主题和背景
- 设置幻灯片动画
- 添加超链接和动作按钮
- 设置幻灯片放映
- 控制幻灯片放映

实验一　设置幻灯片母版

☑ 实验目的

- 掌握打开幻灯片母版的方法
- 掌握设置幻灯片母版的方法

☑ 知识准备与操作要求

- 打开幻灯片母版
- 设置幻灯片母版

☑ **实验内容与操作步骤**

打开 PowerPoint 2016，在"相册"演示文稿中设置幻灯片的母版。

(1) 启动 PowerPoint 2016，打开"相册"演示文稿。

(2) 打开【视图】选项卡，在【母版视图】组中单击【幻灯片母版】按钮，切换到幻灯片母版视图，如图 9-1 所示。

(3) 选中【单击此处编辑母版标题样式】占位符，选择【开始】选项卡，在【字体】组中设置字体格式为【微软雅黑】，字号为 40，字体颜色为【黑色】，如图 9-2 所示。

图 9-1 幻灯片母版视图

图 9-2 设置标题文本字体

(4) 选中【编辑母版文本样式】占位符，选择【开始】选项卡，在【字体】组中设置字体格式为【华文行楷】，字号为 20，字体颜色为【黑色】，如图 9-3 所示。

(5) 右击幻灯片背景区域，在弹出菜单中选择【设置背景格式】命令，打开【设置背景格式】窗格，在【填充】区域选中【渐变填充】单选按钮，并设置渐变填充选项，如图 9-4 所示。

图 9-3 设置正文文本字体

图 9-4 设置背景格式

(6) 选择第 2 张幻灯片，选择【插入】选项卡，单击【图片】按钮，打开【插入图片】对话框，选择图片然后单击【插入】按钮，如图 9-5 所示。

(7) 插入图片后，右击图片，在弹出的快捷菜单中选择【置于底层】|【置于底层】命令，将图片置于背景的底层，如图 9-6 所示。

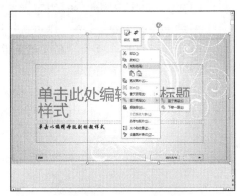

图 9-5　【插入图片】对话框　　　　　　　　　图 9-6　图片置于底层

(8) 选择【插入】选项卡，在【文本】组中单击【页眉和页脚】按钮，打开【页眉和页脚】对话框，选中【页脚】复选框，并在【页脚】文本框中输入"由 XXL 制作"，单击【全部应用】按钮，如图 9-7 所示。

(9) 选择第 1 张幻灯片，选中页脚文本框，设置字体为【黑体】，字号大小为 14，字体颜色为【绿色】，如图 9-8 所示。

(10) 选择【幻灯片母版】选项卡，在【关闭】组中单击【关闭母版视图】按钮，返回到普通视图模式。

图 9-7　设置页脚　　　　　　　　　　　图 9-8　设置页脚字体

实验二　设置主题和背景

☑ 实验目的

- 掌握设置主题的方法
- 掌握设置背景的方法

☑ **知识准备与操作要求**

- 选择主题颜色
- 设置背景图案

☑ **实验内容与操作步骤**

打开 PowerPoint 2016，在"相册"演示文稿中设置主题和背景。

(1) 启动 PowerPoint 2016，打开"相册"演示文稿。

(2) 选择【设计】选项卡，在【主题】组中单击【颜色】下拉列表按钮，然后在弹出的主题颜色菜单中选择【蓝绿色】选项，自动为幻灯片应用该主题颜色，如图 9-9 所示。

图 9-9　选择主题颜色　　　　　　　　图 9-10　设置背景图案填充

(3) 选择第 2 张幻灯片，打开【设计】选项卡，在【自定义】组中单击【设置背景格式】按钮，打开【设置背景格式】窗格，选中【图案填充】单选按钮，然后在【图案】选项区域中选中一种图案，并单击【前景】按钮，在弹出的颜色选择器中选择【浅蓝】选项，如图 9-10 所示。

(4) 选择第 3 张幻灯片，然后在【设置背景格式】窗格中选中【图片或纹理填充】单选按钮，并在显示的选项区域中单击【文件】按钮，如图 9-11 所示。

(5) 打开【插入图片】对话框，选择一张图片，单击【插入】按钮，将图片插入到选中的幻灯片，如图 9-12 所示。此时插入图片为背景，效果如图 9-13 所示。

图 9-11　单击【文件】按钮　　　　　　图 9-12　【插入图片】对话框

(6) 打开【设置背景格式】窗格，设置图片【透明度】为 60%，如图 9-14 所示。

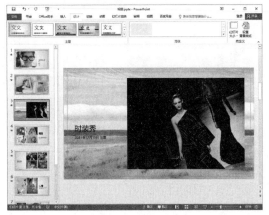

图 9-13　背景图片　　　　　　　　　　　图 9-14　设置图片透明度

实验三　设置幻灯片动画

☑ 实验目的

- 学会添加幻灯片切换动画
- 学会为幻灯片对象添加动画效果

☑ 知识准备与操作要求

- 添加幻灯片切换动画
- 添加进入动画效果
- 添加强调动画效果
- 添加退出动画效果
- 添加动作路径动画效果
- 设置动画触发器

☑ 实验内容与操作步骤

打开 PowerPoint 2016，在"相册"演示文稿中添加幻灯片切换动画，并为幻灯片对象添加各种动画效果。

(1) 启动 PowerPoint 2016，打开"相册"演示文稿。

(2) 选择【切换】选项卡，在【切换到此幻灯片】组中单击【其他】按钮，在弹出的切换效果列表框中选择【帘式】选项，如图 9-15 所示。

(3) 此时动画效果将应用到第 1 张幻灯片中，并可预览切换动画效果，如图 9-16 所示。

(4) 在窗口左侧的幻灯片预览窗格中选中第 2~8 张幻灯片，然后在【切换到此幻灯片】组中为这些幻灯片添加"跌落"效果，如图 9-17 所示。

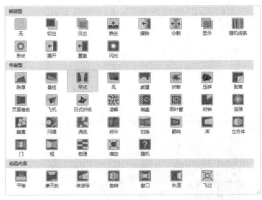

图 9-15　选择【帘式】选项

图 9-16　预览动画效果

（5）在【切换到此幻灯片】组中单击【效果选项】下拉列表按钮，在弹出的下拉列表中选择【向右】选项。此时，第 2～8 张幻灯片将添加【向右】动画效果，如图 9-18 所示。

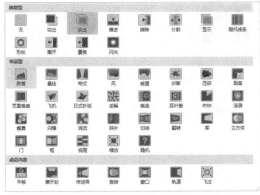

图 9-17　选择【跌落】选项

图 9-18　添加【向右】动画效果

（6）在第 1 张幻灯片中选中标题"我的相册"，打开【动画】选项卡，在【动画】组中单击【其他】按钮，从弹出的【进入】列表框中选择【弹跳】选项，如图 9-19 所示。

（7）选中图片对象，在【高级动画】组中单击【添加动画】按钮，从弹出的菜单中选择【更多进入效果】命令，如图 9-20 所示。

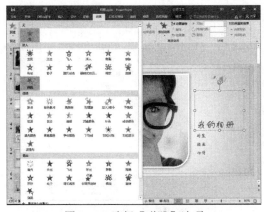

图 9-19　选择【弹跳】选项

图 9-20　选择【更多进入效果】命令

(8) 打开【添加进入效果】对话框，在【温和型】选项区域中选择【下浮】选项，单击【确定】按钮，为图片应用【下浮】进入效果，如图 9-21 所示。

(9) 完成第 1 张幻灯片中的对象的进入动画的设置，在幻灯片编辑窗口中以编号来显示标记对象，如图 9-22 所示。

图 9-21　应用【下浮】进入效果　　　　图 9-22　显示第 1 张幻灯片的动画编号

(10) 在【动画】选项卡的【预览】组中单击【预览】按钮，即可查看第 1 张幻灯片中应用的所有进入效果。

(11) 选择第 2 张幻灯片，选中"时装"标题占位符，在【动画】组中单击【其他】按钮▽，在弹出的【强调】列表框选择【画笔颜色】选项，如图 9-23 所示。

(12) 选中文本占位符，在【高级动画】组中单击【添加动画】按钮，在弹出的菜单中选择【更多强调效果】命令。打开【添加强调效果】对话框，在【细微型】选项区域中选择【脉冲】选项，单击【确定】按钮，完成添加强调效果设置，如图 9-24 所示。

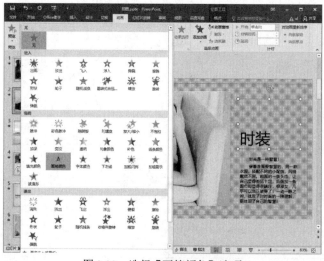

图 9-23　选择【画笔颜色】选项　　　　图 9-24　选择【脉冲】选项

(13) 此时在幻灯片编辑窗口中以编号来显示标记对象，如图 9-25 所示。

(14) 选择第 3 张幻灯片，选中图片，在【动画】组中单击【其他】按钮 ⊡，在弹出的菜单中选择【更多退出效果】命令，打开【更改退出效果】对话框，在【华丽型】选项区域中选择【基本旋转】选项，单击【确定】按钮，如图 9-26 所示。

图 9-25　显示第 2 张幻灯片的动画编号

图 9-26　选择【基本旋转】选项

(15) 此时在幻灯片编辑窗口中以编号来显示标记对象，如图 9-27 所示。

(16) 选择第 6 张幻灯片，选中右侧图片，在【动画】组中单击【其他】按钮 ⊡，在弹出的菜单中选择【自定义路径】选项，如图 9-28 所示。

图 9-27　显示第 3 张幻灯片的动画编号

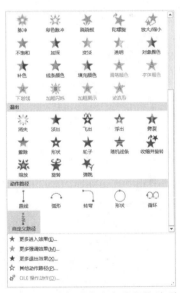

图 9-28　选择【自定义路径】选项

(17) 此时，鼠标指针变成十字形状，将鼠标指针移动到图片上，拖动鼠标绘制曲线，双击完成曲线的绘制，此时即可查看图片的动作路径，如图 9-29 所示。

(18) 选中左侧的图片，在【高级动画】组单击【添加动画】按钮，在弹出的菜单中选择

【其他动作路径】选项，如图 9-30 所示。

图 9-29　绘制动作路径　　　　　　　　　图 9-30　选择【其他动作路径】选项

(19) 打开【添加动作路径】对话框，选择【心形】选项，单击【确定】按钮，如图 9-31 所示。

(20) 此时即可查看图片的动作路径及动画编号，如图 9-32 所示。

图 9-31　选择【心形】选项　　　　　　　图 9-32　查看动作路径及动画编号

(21) 打开【动画】选项卡，在【高级动画】组中单击【动画窗格】按钮打开动画窗格，选中编号为 1 的动画效果，在【高级动画】组中单击【触发】按钮，从弹出的菜单中选择【单击】|【图片占位符 2】选项，如图 9-33 所示。

(22) 此时，该对象上产生动画的触发器，并在任务窗格中显示所设置的触发器，如图 9-34 所示。当播放幻灯片时，将鼠标指针指向该触发器并单击，将显示既定的动画效果。

图 9-33　设置触发器选项

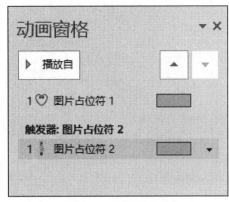

图 9-34　显示触发器

实验四　添加超链接和动作按钮

☑ **实验目的**

- 学会添加超链接
- 学会添加动作按钮

☑ **知识准备与操作要求**

- 给幻灯片文本设置超链接
- 给幻灯片图片设置超链接
- 创建动作按钮

☑ **实验内容与操作步骤**

打开 PowerPoint 2016，在"相册"演示文稿中为对象添加超链接，并创建动作按钮。

1. 为文本和图片添加超链接

(1) 启动 PowerPoint 2016，打开"相册"演示文稿。

(2) 选择第 1 张幻灯片，选中"时装"文本，在【插入】选项卡的【链接】组中单击【超链接】按钮，如图 9-35 所示。

(3) 打开【插入超链接】对话框，在【链接到】列表框中单击【本文档中的位置】按钮，在【请选择文本框中的位置】列表框中选择需要链接的第 2 张幻灯片，单击【确定】按钮，如图 9-36 所示。

(4) 返回幻灯片编辑窗口，此时在第 1 张幻灯片中可以看到"时装"文本的颜色变成了黄色，并且下方还增加了一条下画线，这就表示该文本创建了超链接。在键盘上按下 F5 键放映幻灯片，当放映到第 2 张幻灯片时，将鼠标移动到"时装"文字上，此时鼠标变成手形，单击超链接，演示文稿将自动跳转到第 2 张幻灯片，如图 9-37 所示。

(5) 使用上面的方法，将第 1 张幻灯片中的"插画"文本超链接到第 4 张幻灯片，"心情"文本超链接到第 6 张幻灯片，如图 9-38 所示。

图 9-35 单击【超链接】按钮

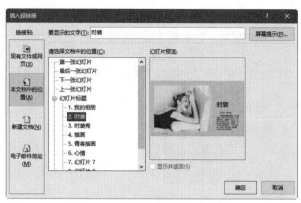

图 9-36 【插入超链接】对话框

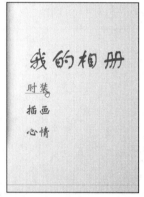

图 9-37 播放时单击文字超链接

图 9-38 插入超链接

(6) 将图片进行超链接的设置方法和文本一样,选中第 6 张幻灯片的右侧图片,打开【插入超链接】对话框,在【链接到】列表框中单击【本文档中的位置】按钮,在【请选择文本框中的位置】列表框中选择需要链接的第 7 张幻灯片,单击【确定】按钮创建超链接,如图 9-39 所示。

(7) 按下 F5 键放映幻灯片,当放映到第 6 张幻灯片时,将鼠标移动到右侧图片上,此时鼠标变成手形,单击超链接,演示文稿将自动跳转到第 7 张幻灯片,如图 9-40 所示。

图 9-39 设置超链接

图 9-40 单击图片超链接

2. 添加动作按钮

(1) 选择第 1 张幻灯片，打开【插入】选项卡，在【插图】组中单击【形状】按钮，在打开菜单的【动作按钮】选项区域中选择【前进或后一项】命令 ▷，在幻灯片的右下角拖动鼠标绘制形状，如图 9-41 所示。

(2) 当释放鼠标时，系统将自动打开【操作设置】对话框，在【单击鼠标时的动作】选项区域中选中【超链接到】单选按钮，在【超链接到】下拉列表框中选择【幻灯片】选项，如图 9-42 所示。

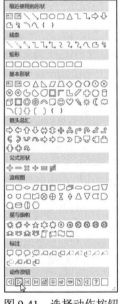

图 9-41　选择动作按钮

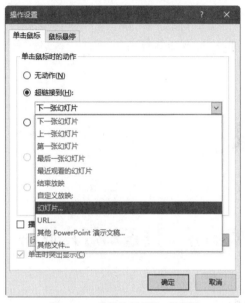

图 9-42　【操作设置】对话框

(3) 打开【超链接到幻灯片】对话框，在对话框中选择第 8 张幻灯片，单击【确定】按钮，如图 9-43 所示。

(4) 返回【操作设置】对话框，打开【鼠标悬停】选项卡，在选项卡中选中【播放声音】复选框，并在其下方的下拉列表中选择【单击】选项，单击【确定】按钮，如图 9-44 所示。

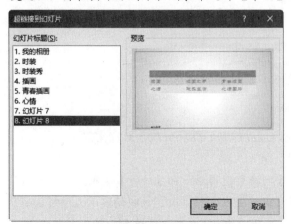

图 9-43　【超链接到幻灯片】对话框

图 9-44　设置播放声音

(5) 右击自定义的动作按钮，在弹出的菜单中选择【编辑文字】命令，在按钮上输入文本"跳到结尾"，如图 9-45 所示。

(6) 单击【阅读视图】按钮 　，进入阅读视图模式，单击该动作按钮，即可跳转至结尾的幻灯片，如图 9-46 所示。

图 9-45　输入文字

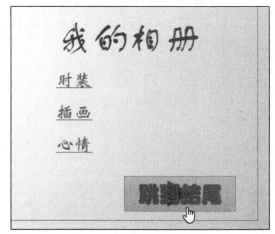

图 9-46　单击动作按钮

实验五　设置幻灯片放映

☑ 实验目的

- 学会设置放映方式
- 学会设置放映类型

☑ 知识准备与操作要求

- 使用定时放映、连续放映及循环放映等放映方式
- 打开【设置放映方式】对话框设置【放映类型】

☑ 实验内容与操作步骤

打开 PowerPoint 2016，在"相册"演示文稿中设置放映幻灯片。

1. 设置幻灯片的放映方式

幻灯片的放映方式有 4 种，即定时放映、连续放映、循环放映、自定义放映。

(1) 启动 PowerPoint 2016，打开"相册"演示文稿。

(2) 若要使用【定时放映】方式，打开【切换】选项卡，在【计时】选项组中【单击鼠标时】复选框，则用户单击鼠标，或者按下 Enter 键或空格键时，放映的演示文稿将切换到下一张幻灯片；选中【设置自动换片时间】复选框，并在其右侧的文本框中输入时间(时间单位为秒)后，则在演示文稿放映时，当幻灯片等待了设定的秒数之后，将自动切换到下一张幻灯片，如图 9-47 所示。

图 9-47　设置【定时放映】方式

(3) 若要使用【连续放映】方式，在【切换】选项卡的【计时】选项组选中【设置自动切换时间】复选框，并为当前选定的幻灯片设置自动切换时间，再单击【全部应用】按钮，为演示文稿中的每张幻灯片设定相同的切换时间，即可实现幻灯片的连续自动放映，如图 9-48 所示。

图 9-48　设置【连续放映】方式

(4) 若要使用【循环放映】方式，打开【幻灯片放映】选项卡，在【设置】组中单击【设置幻灯片放映】按钮，打开【设置放映方式】对话框。在对话框的【放映选项】选项区域中选中【循环放映，按 ESC 键终止】复选框，则在播放完最后一张幻灯片后，会自动跳转到第 1 张幻灯片，而不是结束放映，直到用户按 Esc 键退出放映状态，如图 9-49 所示。

(5) 若要使用【自定义放映】方式，打开【幻灯片放映】选项卡，单击【开始放映幻灯片】选项组的【自定义幻灯片放映】按钮，在弹出的菜单中选择【自定义放映】命令，打开【自定义放映】对话框，单击【新建】按钮，打开【定义自定义放映】对话框，在该对话框中用户可以进行相关的自定义放映设置，如图 9-50 所示。

图 9-49　【设置放映方式】对话框

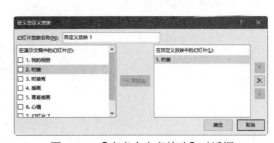

图 9-50　【定义自定义放映】对话框

2. 设置幻灯片的放映类型

幻灯片的放映类型有 3 种，即演讲者放映(全屏幕)、观众自行浏览(窗口)、在展台浏览(全屏幕)。

(1) 在【设置放映方式】对话框的【放映类型】选项区域中可以设置幻灯片的放映类型。选中【演讲者放映(全屏幕)】单选按钮，则将以全屏幕的状态放映演示文稿，演讲者现场控制演示节奏，具有放映的完全控制权。如图 9-51 所示。

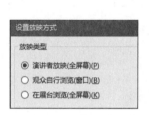

图 9-51　【演讲者放映(全屏幕)】效果

(2) 选中【观众自行浏览(窗口)】单选按钮，这是在标准 Windows 窗口中显示的放映形式，放映时的 PowerPoint 窗口具有菜单栏、Web 工具栏，类似于浏览网页的效果，便于观众自行浏览，如图 9-52 所示。

图 9-52　【观众自行浏览(窗口)】效果

(3) 选中【在展台浏览(全屏幕)】单选按钮，此放映类型不需要专人控制就可以自动运行，在使用该放映类型时，如超链接等的控制方法都会失效。当播放完最后一张幻灯片后，会自动从第一张重新开始播放，直至用户按下 Esc 键才会停止播放，如图 9-53 所示。

第 9 章 演示文稿的设置与放映

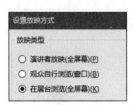

图 9-53 【在展台浏览(全屏幕)】效果

实验六 控制幻灯片放映

☑ **实验目的**

- 学会设置排练计时
- 学会控制放映过程
- 学会使用注释和录制旁白

☑ **知识准备与操作要求**

- 在放映幻灯片时控制放映过程
- 设置排练计时
- 添加注释
- 录制旁白

☑ **实验内容与操作步骤**

打开 PowerPoint 2016，在"相册"演示文稿中控制放映幻灯片。

(1) 启动 PowerPoint 2016，打开"相册"演示文稿。选择【幻灯片放映】选项卡，在【设置】组中单击【排练计时】按钮，演示文稿将自动切换到幻灯片放映状态，幻灯片左上角出现【录制】对话框，如图 9-54 所示。

(2) 整个演示文稿放映完成后，将打开 Microsoft PowerPoint 对话框，该对话框显示幻灯片播放的总时间，并询问是否保留该排练时间，单击【是】按钮，如图 9-55 所示。

图 9-54 【录制】对话框

图 9-55 单击【是】按钮

(3) 此时演示文稿将切换到幻灯片浏览视图，从幻灯片浏览视图中可以看到：每张幻灯片下方均显示各自的排练时间，如图 9-56 所示。

169

(4) 在放映演示文稿的过程中，单击鼠标左键可以按放映次序依次放映。如果不需要按照指定的顺序进行放映，右击幻灯片，在弹出的快捷菜单中选择【定位至幻灯片】命令，在弹出的子菜单中选择要播放的幻灯片，即可快速定位至该张幻灯片，如图9-57所示。

图 9-56　显示排练时间　　　　　　　　　　　图 9-57　定位幻灯片

(5) 有时为了避免引起观众的注意，可以将幻灯片黑屏或白屏显示。具体方法为，在右键菜单中选择【屏幕】|【黑屏】命令或【屏幕】|【白屏】命令即可，如图9-58所示。

(6) 当放映到第6张幻灯片时，在屏幕中右击，在弹出的快捷菜单中选择【荧光笔】选项，将绘图笔设置为荧光笔样式，然后在弹出的快捷菜单中选择【墨迹颜色】命令，在打开的【标准色】面板中选择【黄色】选项，此时鼠标变为一个小矩形形状，可以在需要绘制重点的地方拖动鼠标绘制标注，如图9-59所示。

图 9-58　选择【黑屏】命令

图 9-59　选择墨迹颜色

(7) 按下 Esc 键退出放映状态，系统将弹出对话框，询问用户是否保留在放映时所做的墨迹注释。单击【保留】按钮，将绘制的注释图形保留在幻灯片中。

(8) 使用录制旁白可以为演示文稿增加解说词，选择【幻灯片放映】选项卡，在【设置】组中单击【录制幻灯片演示】按钮，在弹出的菜单中选择【从头开始录制】命令，如图9-60

所示。

(9) 打开【录制幻灯片演示】对话框，保持默认设置，单击【开始录制】按钮，如图 9-61 所示。

图 9-60 选择【从头开始录制】命令

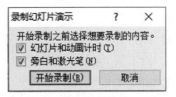

图 9-61 单击【开始录制】按钮

(10) 进入幻灯片放映状态，同时开始录制旁白，单击鼠标或按 Enter 键切换到下一张幻灯片。

(11) 当旁白录制完成后，按下 Esc 键或者单击鼠标左键即可，此时演示文稿将切换到幻灯片浏览视图，从幻灯片浏览视图中可以看到每张幻灯片下方均显示各自的排练时间。在录制了旁白的幻灯片在右下角都会显示一个声音图标。

思考与练习

一、判断题(正确的在括号内填 Y，错误则填 N)

1. PowerPoint 2016 中的绘图笔的颜色是不能进行更改的。 （　　）

2. 在 PowerPoint 2016 中可以通过配色方案来更改模板中对象的相应设置。 （　　）

3. PowerPoint 中为了改变幻灯片的配色方案，应选择【格式】菜单的【幻灯片配色方案】命令，在出现的【配色方案】对话框中选择配色方案。 （　　）

4. 在 PowerPoint 的演示文稿中，一旦对某张幻灯片应用模板后，其余幻灯片将会应用相同的模板。 （　　）

5. PowerPoint 中演示文稿一般按原来的顺序依次放映，有时需要改变这种顺序，这可以借助于超级链接的方法来实现。 （　　）

6. PowerPoint 2016 中的绘图笔只有在全屏幕放映时才能使用。 （　　）

7. PowerPoint 的幻灯片放映视图可以看到对幻灯片演示设置的各种放映效果。 （　　）

8. 在 PowerPoint 2016 中应用主题时，它始终影响演示文稿中的每一张幻灯片。 （　　）

9. 在 PowerPoint 2016 中，"演讲者放映"方式采用全屏幕方式放映演示文稿。 （　　）

二、单选题

1. 在 PowerPoint 2016 中，下列关于"链接"说法正确的是(　　)。

   A. 链接指将约定的设备用线路连通

   B. 链接将指定的文件与当前文件合并

C. 单击链接就会转向链接指向的地方

D. 链接为发送电子邮件做好准备

2. 对幻灯片的重新排序、幻灯片间定时和过渡、加入和删除幻灯片以及整体构思幻灯片都特别有用的视图是(　　)。

A. 幻灯片视图　　　　　　　　　　　B. 大纲视图

C. 幻灯片浏览视图　　　　　　　　　D. 普通视图

3. 能够快速改变演示文稿的背景图案和配色方案的操作是(　　)。

A. 编辑母板

B. 在【设计】选项卡中的【效果】下拉列表框中选择

C. 切换到不同的视图

D. 在【设计】选项卡中单击不同的设计模板

4. 对于演示文稿中不准备放映的幻灯片可以用(　　)选项卡中的"隐藏幻灯片"命令隐藏。

A. 工具　　　　　B. 幻灯片放映　　　　C. 视图　　　　　D. 编辑

5. 在 PowerPoint 中，有关设置幻灯片放映时间的说法中错误的是(　　)。

A. 只有单击鼠标时换页　　　　　　　B. 可以设置在单击鼠标时换页

C. 可以设置每隔一段时间自动换页　　D. B、C 两种方法可以换页

6. 在 PowerPoint 演示文稿中，将一张布局为"节标题"的幻灯片改为"标题和内容"幻灯片，应使用的对话框是(　　)。

A. 幻灯片版式　　　　　　　　　　　B. 幻灯片配色方案

C. 背景　　　　　　　　　　　　　　D. 应用设计模版

7. 可以改变一张幻灯片中各部分放映顺序的是(　　)。

A. 采用"预设动画"设置　　　　　　B. 采用"自定义动画"设置

C. 采用"片间动画"设置　　　　　　D. 采用"动作"设置

8. 在 PowerPoint 2016 中，有关"备注母版"的说法错误的是(　　)。

A. 备注母版的下方是备注文本区，可以像在幻灯片母版中那样设置其格式

B. 要转到"备注母版"视图，可单击【视图】选项卡下的【备注母版】按钮

C. 备注母版的页面共有 5 个设置区：页眉区、页脚区、日期区、幻灯片缩图和数字区

D. 备注的最主要功能是进一步提示某张幻灯片的内容

9. 在 PowerPoint 2016 中，下列有关幻灯片母版中的页眉页脚说法错误的是(　　)。

A. 页眉或页脚是加在演示文稿中的注释性内容

B. 不能设置页眉和页脚的文本格式

C. 在打印演示文稿的幻灯片时，页眉和页脚的内容也可打印出来

D. 典型的页眉/页脚内容是日期、时间以及幻灯片编号

10. 在 PowerPoint 2016 中，下面(　　)不是合法的"打印内容"选项。

A. 幻灯片　　　　B. 备注页　　　　C. 讲义　　　　D. 幻灯片浏览

三、PowerPoint 操作题

使用"第 9 章　操作题素材",完成下列各题。

第 1 题

1. 插入一张新幻灯片,版式设置为"标题幻灯片",并完成如下设置:

(1) 设置主标题文字内容为"贺卡",字号为 60,字形为"加粗"。

(2) 设置副标题文字内容为"生日快乐",超级链接为"下一张幻灯片"。

2. 插入一张新幻灯片,版式设置为"空白",并完成如下设置:插入自选图形,样式为"基本形状"的"太阳型",设置阴影效果为"透视-右上对角透视",自定义动画为"出现",动画声音设置为"鼓掌"。

3. 设置所有幻灯片的切换效果为"蜂巢"。

4. 设置主题为"顶峰"。

第 2 题

1. 插入一张新幻灯片,版式设置为"空白",并完成如下设置:插入一横排文本框,设置文字内容为"应聘人基本资料",字体为"隶书",字号为 36,字形为"加粗 倾斜",字体效果为"阴影"。

2. 插入一张新幻灯片,版式设置为"内容与标题",并完成如下设置:

(1) 设置标题文字内容为"个人简历"。

(2) 在文本处添加"姓名:张三""性别:男""年龄:24""学历:本科"四段文字。

(3) 剪贴画处添加任意一个剪贴画。

3. 设置标题进入时的自定义动画为"飞入",方向为"自右侧",增强动画文本为"按字/词",文本框进入时的自定义动画为"向内溶解",增强动画文本为"按字/词",剪贴画进入时的自定义动画为"飞入",方向为"自底部"。

4. 设置全部幻灯片切换效果为"从全黑淡出"。

第 3 题

1. 把所有幻灯片的主题设置为"龙腾四海"。

2. 修改幻灯片母版:在左下角插入素材文件夹下的图片 tu2。

3. 将第 1 张幻灯片的标题"理想"设置字体为"隶书",字号为 166,对齐方式为"居中"。

4. 为第 1 张幻灯片设置切换效果:溶解。

5. 将第 2 张幻灯片的版式设置为"标题和内容"。

6. 为第 2 张幻灯片中的"激励话语"添加超级链接,以便在放映过程中可以迅速定位到第 4 张幻灯片。

7. 隐藏第 5 张幻灯片。

第 10 章
计算机网络与信息安全

☑ 本章概述

计算机网络已经广泛普及，然而网络中的病毒时刻威胁着计算机的信息安全。本章将详细介绍计算机网络信息及安全维护方面的内容。

☑ 实训重点

- 计算机接入 Internet
- 使用 IE 浏览器
- 使用杀毒和防范木马软件
- 系统和数据的备份和还原
- 使用防火墙

实验一　Windows 7 中将计算机接入 Internet

☑ 实验目的

- 熟悉计算机连接网络的知识
- 认识 IP 地址
- 认识网络位置
- 认识网络连通性

☑ 知识准备与操作要求

- 连接局域网
- 配置 IP 地址
- 配置网络位置
- 测试网络连通性

☑ 实验内容与操作步骤

接入局域网，为计算机配置正确的 IP 地址和网络位置，并测试网络连通性。

(1) 将计算机连接到局域网络，只需将网线一端的水晶头插入计算机机箱后的网卡的接口中，然后将网线另一端的水晶头插入集线器的接口中，接通集线器即可完成局域网设备的连接操作，如图 10-1 所示。

图 10-1　连通网线

(2) 在一台计算机中配置局域网的 IP 地址，单击任务栏右方的网络按钮 ，在打开的面板中单击【打开网络和共享中心】链接，如图 10-2 所示。

(3) 打开【网络和共享中心】窗口，单击【本地连接】链接，如图 10-3 所示。

图 10-2　单击【打开网络和共享中心】链接　　　图 10-3　单击【本地连接】链接

(3) 打开【本地连接状态】对话框，单击【属性】按钮，如图 10-4 所示。

(4) 打开【本地连接属性】对话框，双击【Internet 协议版本 4(TCP/IPv4)】选项，如图 10-5 所示。

图 10-4　单击【属性】按钮

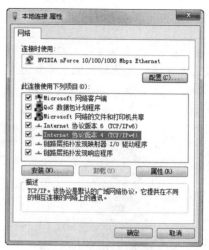

图 10-5　双击选项

(5) 打开【Internet 协议版本 4(TCP/IPv4)属性】对话框，在【IP 地址】文本框中输入本机的 IP 地址，按下 Tab 键会自动填写子网掩码，然后分别在【默认网关】【首选 DNS 服务器】和【备用 DNS 服务器】中设置相应的地址。设置完成后，单击【确定】按钮，完成 IP地址的设置，如图 10-6 所示。

(6) 接着在一台计算机中配置网络位置，打开【网络和共享中心】窗口，单击【工作网络】链接，如图 10-7 所示。

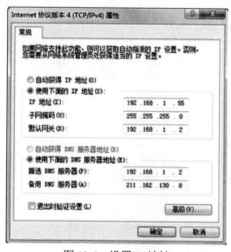

图 10-6　设置 IP 地址

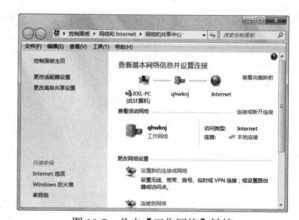

图 10-7　单击【工作网络】链接

(7) 打开【设置网络位置】对话框，设置计算机所处的网络，这里选择【工作网络】选项，如图 10-8 所示。

(8) 打开对应的对话框，显示说明现在正处于工作网络中，单击【关闭】按钮，完成网络位置设置，如图 10-9 所示。

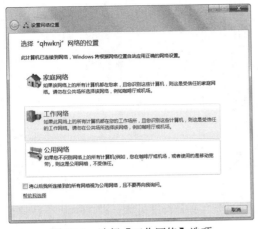

图 10-8　选择【工作网络】选项

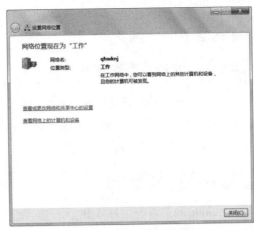

图 10-9　单击【关闭】按钮

(9) 配置完网络协议后，还需要使用 Ping 命令来测试网络连通性，查看计算机是否已经成功接入局域网当中。单击【开始】按钮，在搜索框中输入命令 cmd，然后按下 Enter 键，打开命令测试窗口，如图 10-10 所示。

(10) 如果网络中有一台电脑(非本机)的 IP 地址是 192.168.1.50，可在该窗口中输入命令 ping 192.168.1.50，然后按下 Enter 键，如果显示字节和时间等信息的测试结果，则说明网络已经正常连通，如图 10-11 所示。

图 10-10　输入 cmd

图 10-11　显示测试结果

实验二　使用 Window 7 的 IE 浏览器

☑ 实验目的

● 使用 IE 浏览器的标签页

- 使用搜索引擎
- 屏蔽不良信息

☑ 知识准备与操作要求

- 可在一个 IE 浏览器中通过标签页同时打开多个网页
- 百度搜索引擎可以搜索关键字内容
- IE 浏览器中设置屏蔽信息

☑ 实验内容与操作步骤

在 Windows 7 系统中打开 IE 浏览器，进行浏览网页、使用百度搜索、设置屏蔽不良信息等操作。

(1) 单击【开始】按钮，在弹出的菜单中选择【所有程序】| Internet Explorer 命令，启动 IE 浏览器，然后在浏览器地址栏中输入网址 www.163.com，然后按 Enter 键，打开网易的首页，如图 10-12 所示。

(2) 单击【新选项卡】按钮，打开一个新的选项卡，如图 10-13 所示。

图 10-12　输入网易网址并打开网页

图 10-13　单击【新选项卡】按钮

(3) 在浏览器地址栏中输入网址 www.sohu.com，然后按 Enter 键，打开搜狐网的首页，如图 10-14 所示。

(4) 右击某个超链接，然后在弹出的快捷菜单中选择【在新选项卡中打开】命令，即可在一个新的选项卡中打开该链接，如图 10-15 所示。

图 10-14　输入搜狐网网址并打开网页

图 10-15　选择命令

(5) 使用同样的方法，用户可在一个 IE 窗口中打开多个选项卡，同时打开多个网页，如图 10-16 所示。

(6) 下面使用百度搜索关于"智能手机"方面的网页。在地址栏中输入百度地址 www.baidu.com，访问百度页面。在页面的文本框中输入要搜索的关键字，本例输入"智能手机"，然后单击【百度一下】按钮，如图 10-17 所示。

图 10-16 同时打开多个网页　　　　图 10-17 百度搜索

(7) 百度会根据搜索关键字自动查找相关网页。在列表中单击一个超链接，即可打开对应的网页。例如单击【智能手机 百度百科】超链接，可以在浏览器中访问对应的网页，如图 10-18 所示。

图 10-18 访问对应网页

(8) 若要在 IE 浏览器中设置屏蔽设置不良信息，可以单击【工具】按钮，选择【Internet 选项】命令，如图 10-19 所示。

(9) 打开【Internet 选项】对话框，切换至【内容】选项卡，单击【内容审查程序】区域的【启用】按钮，如图 10-20 所示。

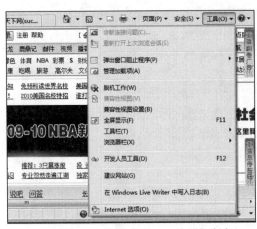

图 10-19　选择【Internet 选项】命令

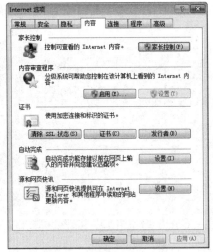

图 10-20　单击【启用】按钮

(10) 打开【内容审查程序】对话框，在【分级】选项卡中，用户可在类别列表中选择要设置的审查内容，然后拖动下方的滑块来设置内容审查的级别，如图 10-21 所示。

(11) 切换至【许可站点】选项卡，在该选项卡中可设置始终信任的站点和限制访问的站点。例如用户可在【允许该网站】文本框中输入网址 www.baidu.com，然后单击【始终】按钮，即可将该网站加入到始终信任的列表中；单击【从不】按钮，可将该网站加入到限制访问的列表中，如图 10-22 所示。

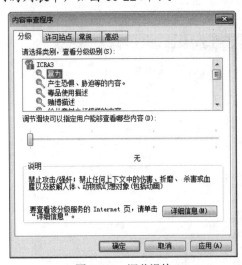

图 10-21　调节滑块

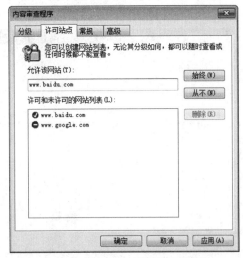

图 10-22　设置许可网站

实验三 使用 360 杀毒和安全卫士

☑ 实验目的

- 了解计算机病毒的危害性
- 使用 360 软件进行查杀病毒和木马

☑ 知识准备与操作要求

- 使用 360 杀毒软件查杀病毒
- 使用 360 安全卫士查杀木马
- 使用 360 安全卫士维护系统

☑ 实验内容与操作步骤

使用 360 杀毒软件查杀病毒，使用 360 安全卫士查杀木马和修复漏洞等。

(1) 在计算机中安装并启动 360 杀毒软件后，在该软件的主界面中单击【检查更新】按钮，将软件的版本升级至最新，如图 10-23 所示。

(2) 单击软件主界面中的【快速扫描】按钮，对计算机执行快速病毒扫描，如图 10-24 所示。

图 10-23 升级软件

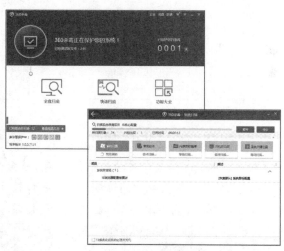

图 10-24 快速扫描病毒

(3) 扫描结束后，360 杀毒软件将在打开的界面中显示发现的威胁信息，单击【立即处理】按钮，即可处理发现的威胁及病毒程序，如图 10-25 所示。

(4) 在 360 杀毒软件主界面的右上角单击【设置】选项，在打开的【360 杀毒设置】对话框中选择【实时防护设置】选项，即可在显示的选项区域中对软件防护设置进行调整，如图 10-26 所示。

图 10-25　单击【立即处理】按钮　　　　　　　　　图 10-26　实时防护设置

(5) 启动 360 安全卫士软件后，在软件主界面顶部选择【木马查杀】选项，在显示的界面中单击【快速查杀】或【全盘查杀】按钮，如图 10-27 所示。

(6) 软件将自动检查计算机系统中的各项设置和组件，并显示其安全状态，如图 10-28 所示。完成扫描后，在打开的界面中单击【一键处理】按钮即可。

图 10-27　单击【快速查杀】按钮　　　　　　　　图 10-28　扫描计算机系统的设置和组件

(7) 在 360 安全卫士软件中，用户可以清理计算机中的恶评软件，在软件主界面顶部选择【电脑清理】选项，在显示的界面中单击【全面清理】按钮，如图 10-29 所示。

(8) 软件将检测系统中的垃圾文件和恶评软件，显示计算机中垃圾文件的大小。完成扫描后，在打开的界面中单击【一键清理】按钮即可，如图 10-30 所示。

图 10-29　单击【全面清理】按钮　　　　　　　　图 10-30　扫描计算机中的垃圾文件

(9) 360 安全卫士还可以修复系统漏洞，在软件主界面顶部选择【系统修复】选项，在打开的界面中单击【全面修复】按钮，如图 10-31 所示。

(10) 360 安全卫士软件将自动扫描系统漏洞，扫描结束后，在打开的界面中单击【一键修复】按钮即可，如图 10-32 所示。

图 10-31　单击【全面修复】按钮

图 10-32　单击【一键修复】按钮

实验四　Windows 7 中备份和还原数据

☑ 实验目的

- Windows 7 数据信息的备份
- Windows 7 数据信息的还原

☑ 知识准备与操作要求

- 打开【备份和还原】窗口进行操作
- 学会数据备份和还原

☑ 实验内容与操作步骤

启动 Windows 7 操作系统，将硬盘中的数据存储为一个备份文件，再对该备份文件进行还原操作。

(1) 启动 Windows 7，单击【开始】按钮，选择【控制面板】命令，打开【控制面板】窗口，单击【操作中心】图标，如图 10-33 所示。

(2) 打开【操作中心】窗口，单击窗口左下角的【备份和还原】链接，打开【备份和还原】窗口，单击【设置备份】按钮，如图 10-34 所示。

图 10-33　单击【操作中心】图标　　　　　图 10-34　单击【设置备份】按钮

(3) 此时 Windows 开始启动备份程序，打开【设置备份】对话框，在该对话框中选择备份文件存储的位置，这里选择【本地磁盘(D:)】，然后单击【下一步】按钮，如图 10-35 所示。

图 10-35　打开【设置备份】对话框

(4) 打开【你希望备份哪些内容？】对话框，选中【让我选择】单选按钮，然后单击【下一步】按钮，如图 10-36 所示。

(5) 在打开的窗口中选择要备份的内容，然后单击【下一步】按钮，如图 10-37 所示。

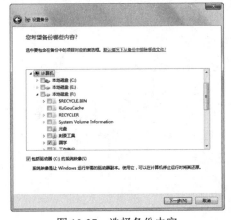

图 10-36　选中【让我选择】单选按钮　　　　图 10-37　选择备份内容

(6) 打开【查看备份设置】对话框，在该对话框中显示了备份的相关信息，单击【更改计划】链接，如图 10-38 所示。

(7) 打开【你希望多久备份一次？】对话框，用户可设置备份文件执行的频率，设置完成后，单击【确定】按钮，如图 10-39 所示。

(8) 返回【查看备份设置】对话框，然后单击【保存设置并退出】按钮，系统开始对设定的数据进行备份，如图 10-40 所示。

(9) 在【备份和还原】窗口中单击【查看详细信息】按钮，可查看当前正在备份的进程，如图 10-41 所示。

图 10-38　单击【更改计划】链接

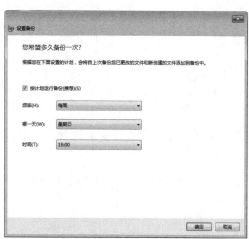

图 10-39　设置备份文件执行的频率

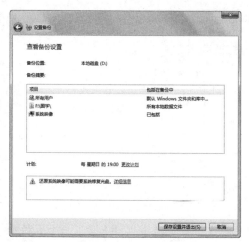

图 10-40　单击【保存设置并退出】按钮

图 10-41　查看备份进程

(10) 数据备份文件完成后，即可使用数据的还原功能。找到硬盘存储中的数据备份文件，双击将其打开，如图 10-42 所示。

(11) 打开【Windows 备份】对话框，单击【从此备份还原文件】按钮，如图 10-43 所示，打开【浏览或搜索要还原的文件和文件夹的备份】对话框。

图 10-42　打开备份文件

图 10-43　单击【从此备份还原文件】按钮

　　(12) 单击【浏览文件夹】按钮，如图 10-44 所示，打开【浏览文件夹或驱动器的备份】对话框。

　　(13) 在该对话框中选择要还原的文件夹，然后单击【添加文件夹】按钮，如图 10-45 所示。

图 10-44　单击【浏览文件夹】按钮

图 10-45　选择要还原的文件夹

　　(14) 返回【浏览或搜素要还原的文件和文件夹的备份】对话框，单击【下一步】按钮，如图 10-46 所示。

　　(15) 打开【您想在何处还原文件？】对话框，如果用户想在文件原来的位置还原文件，可选中【在原始位置】单选按钮，本例选中【在以下位置】单选按钮，然后单击【浏览】按钮，如图 10-47 所示。

图 10-46　单击【下一步】按钮

图 10-47　选中【在以下位置】单选按钮

(16) 打开【浏览文件夹】对话框,选择【本地磁盘(D)】,单击【确定】按钮,如图 10-48 所示。

(17) 返回【您想在何处还原文件?】对话框,单击【还原】按钮,开始还原文件,如图 10-49 所示。等待还原完毕,单击【关闭】按钮,此时在 D 盘的【还原的文件夹】中即可看到已还原的文件。

图 10-48　选择 D 盘

图 10-49　单击【还原】按钮

实验五　Windows 7 系统的备份和还原

☑ 实验目的

- Windows 7 系统的备份
- Windows 7 系统的还原

☑ 知识准备与操作要求

- 打开【系统属性】对话框进行操作
- 学会系统的备份和还原

☑ **实验内容与操作步骤**

启动 Windows 7 操作系统，创建一个系统还原点，并以此还原系统。

(1) 启动 Windows 7，在桌面上右击【计算机】图标，选择【属性】命令，如图 10-50 所示，打开【系统】窗口。

(2) 单击【系统】窗口左侧的【系统保护】链接，如图 10-51 所示，打开【系统属性】对话框。

图 10-50　选择【属性】命令　　　　　　　　　图 10-51　单击【系统保护】链接

(3) 在【系统保护】选项卡中，单击【创建】按钮，如图 10-52 所示。

(4) 打开【系统保护】对话框，输入一个还原点的名称，然后单击【创建】按钮，如图 10-53 所示。

图 10-52　单击【创建】按钮　　　　　　　　　图 10-53　创建还原点

(5) 开始创建还原点，创建完成后，单击【关闭】按钮，完成系统还原点的创建，如图 10-54 所示。

(6) 有了系统还原点后就可以在 Windows 7 中还原系统。单击任务栏区域右边的 🏳 图标，在打开的面板中单击【打开操作中心】链接，如图 10-55 所示。

图 10-54　单击【关闭】按钮　　　　　　　　　图 10-55　单击【打开操作中心】链接

(7) 打开【操作中心】窗口，单击【恢复】链接，如图 10-56 所示。

(8) 打开【恢复】窗口，单击【打开系统还原】按钮，如图 10-57 所示。

图 10-56　单击【恢复】链接

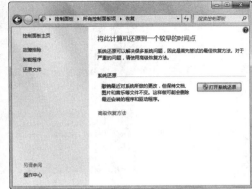

图 10-57　单击【打开系统还原】按钮

(9) 打开【还原系统文件和设置】对话框，单击【下一步】按钮，如图 10-58 所示。

(10) 打开对话框，选中一个还原点，单击【下一步】按钮，如图 10-59 所示。

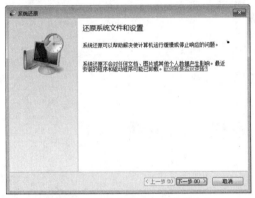

图 10-58　单击【下一步】按钮

图 10-59　选中还原点

(11) 打开【确认还原点】对话框，要求用户确认所选的还原点，单击【完成】按钮，如图 10-60 所示。

(12) 打开提示对话框，单击【是】按钮，开始准备还原系统，如图 10-61 所示。

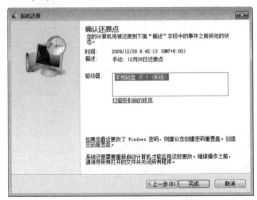

图 10-60　单击【完成】按钮

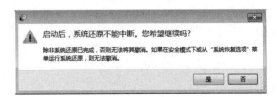

图 10-61　单击【是】按钮

(13) 稍后系统自动重新启动，并开始进行还原操作，如图 10-62 所示。

图 10-62　还原系统

(14) 当启动重新启动后，如果还原成功将弹出对话框，单击【关闭】按钮，完成系统还原操作，如图 10-63 所示。

图 10-63　单击【关闭】按钮

实验六　使用 Windows 7 防火墙和自动更新

☑ 实验目的

- 学会使用 Windows 7 防火墙阻止病毒和木马的侵入
- 开启自动更新功能对漏洞进行及时修复

☑ 知识准备与操作要求

- 启动 Windows 7 防火墙
- 开启自动更新
- 设置自动更新

☑ 实验内容与操作步骤

启动 Windows 7 系统的防火墙，并开启和设置自动更新。

(1) 单击【开始】按钮，在【开始】菜单中选择【控制面板】命令，如图 10-64 所示。

(2) 打开【控制面板】窗口，在窗口中单击【Windows 防火墙】图标，如图 10-65 所示。

图 10-64　选择【控制面板】命令

图 10-65　单击【Windows 防火墙】图标

(3) 打开【Windows 防火墙】窗口，单击左侧列表中的【打开或关闭 Windows 防火墙】链接，如图 10-66 所示。

(4) 打开【自定义设置】窗口，分别选中【家庭或工作(专用)网络位置设置】和【公用网络位置设置】选项区域中的【启用 Windows 防火墙】单选按钮，然后单击【确定】按钮，如图 10-67 所示。

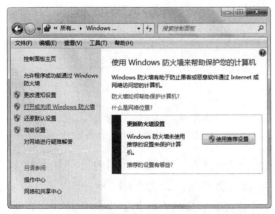

图 10-66　单击【打开或关闭 Windows 防火墙】链接

图 10-67　选中【启用 Windows 防火墙】单选按钮

(5) 若要开启自动更新功能，打开【控制面板】窗口，单击 Windows Update 图标，如图 10-68 所示。

(6) 打开 Windows Update 窗口，单击【更改设置】链接，如图 10-69 所示。

图 10-68　单击 Windows Update 图标

图 10-69　单击【更改设置】链接(1)

(7) 打开【更改设置】窗口，在【重要更新】下拉列表中选择【自动安装更新(推荐)】选项。选择完成后，单击【确定】按钮，完成自动更新的开启，如图 10-70 所示。

(8) 系统启动时会自动开始检查更新，并安装最新的更新文件，如图 10-71 所示。

图 10-70　选择【自动安装更新】选项

图 10-71　自动开始检查更新

(9) 此外还可以设置自动更新的频率，例如设置自动更新的时间为每周的星期日上午 8 点。首先打开 Windows Update 窗口，单击【更改设置】链接，如图 10-72 所示。

(10) 打开【更改设置】窗口，单击【安装新的更新】下拉列表按钮，在打开的下拉列表中选择【每星期日】选项，单击【在(A)】下拉列表按钮，在打开的下拉列表中选择 8:00 选项，然后单击【确定】按钮即可，如图 10-73 所示。

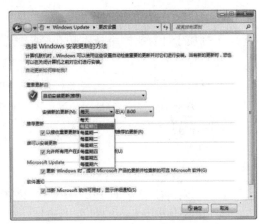

图 10-72　单击【更改设置】链接(2)　　　　　图 10-73　更改更新时段

思考与练习

一、判断题(正确的在括号内填 Y，错误则填 N)

1. 以"信息高速公路"为主干网的 Internet 是世界上最大的互联网络。　　　　(　　)
2. 计算机病毒产生的原因是计算机系统硬件有故障。　　　　(　　)
3. 计算机病毒是一种具有自我复制功能的指令序列。　　　　(　　)
4. 计算机病毒主要以存储介质和计算机网络为媒介进行传播。　　　　(　　)
5. 计算机病毒是一种微生物感染的结果。　　　　(　　)
6. 感染过计算机病毒的计算机具有对该病毒的免疫性。　　　　(　　)
7. 发现计算机病毒后，比较彻底的清除方式是格式化磁盘。　　　　(　　)
8. 使用病毒防火墙软件后，计算机就不会感染病毒。　　　　(　　)
9. 计算机病毒只能通过软盘与网络传播，光盘中不可能存在病毒。　　　　(　　)
10. 使用 IE 浏览器可以安全地浏览世界上所有的网站。　　　　(　　)

二、单选题

1. Windows 中自带的网络浏览器是(　　)。
   A. NETSCAPE　　　　　　　　　　B. Internet Explorer
   C. CUTFTP　　　　　　　　　　　D. HOT-MAIL
2. 使用匿名 FTP 服务，用户登录时常常使用(　　)作为用户名。
   A. anonymous　　　　　　　　　　B. 主机的 IP 地址
   C. 自己 E-mail 地址　　　　　　　D. 节点的 IP 地址
3. 计算机网络的目标是(　　)。
   A. 提高计算机的安全性　　　　　　B. 将多台计算机连接起来

C. 提高计算机的可靠性　　　　　D. 共享软件、硬件和数据资源

4. 下列属于计算机网络基本拓扑结构的是(　　　)。

　　A. 层次型　　　　　B. 总线型　　　　　C. 交换型　　　　　D. 分组型

5. 计算机局域网的英文缩写名称是(　　　)。

　　A. WAN　　　　　B. LAN　　　　　C. MAN　　　　　D. SAN

6. HTML 的含义是(　　　)。

　　A. 主页制作语言　　　　　　　　B. WWW 编程语言

　　C. 超文本标记语言　　　　　　　D. 浏览器编程语言

7. (　　　)是网络协议 TCP/IP 用来标识网络设备(主机)的唯一标识符。

　　A. IP 地址　　　　　B. 网关地址　　　　　C. DNS 地址　　　　　D. MAC 地址

第 11 章

模 拟 试 卷

模拟试卷一

试卷方案：计算机基础考试

试卷总分：100 分

共有题型：7 种

一、判断题(正确的在括号内填 Y，错误则填 N)(共 15 题，共计 15 分)

1. 内存储器是主机的一部分，可与 CPU 直接交换信息，存取时间快，但价格较贵，比外存储器存储的信息少。　　　　　　　　　　　　　　　　　　　　　　　( )

2. 八进制数 13657 与二进制数 1011110101111 两个数的值是相等的。　　　　( )

3. 在 Windows 资源管理器的左侧窗口中，文件夹前面没有+或-符号，则表示此文件夹中既有文件夹又有文件。　　　　　　　　　　　　　　　　　　　　　　( )

4.在 Windows 环境中，用户可以同时打开多个窗口,此时只能有一个窗口处于激活状态,它的标题栏颜色与众不同。　　　　　　　　　　　　　　　　　　　　　　( )

5. Word 对新创建的文档既能执行"另存为"命令，又能执行"保存"命令。　( )

6. 在 Word 2016 中，分节符意味着用户在此节创建的任何页眉或页脚内容仅应用此节。
　　　　　　　　　　　　　　　　　　　　　　　　　　　　　　　( )

7. 在 Word 中，页面视图适合于用户编辑页眉、页脚，调整页边距，以及对分栏、图形和边框进行操作。　　　　　　　　　　　　　　　　　　　　　　　　　( )

8. 在 Excel 2016 中新建的工作簿里不一定都只有三张工作表。　　　　　　( )

9. 在 Excel 2016 中，在某个单元格中输入=18+11，按回车键后显示=18+11。　( )

10. 在 Excel 中，除了饼图形状与柱形图形状不同外，柱形图与饼图之间没有差别。
　　　　　　　　　　　　　　　　　　　　　　　　　　　　　　　( )

11. 在 Excel 2016 中，如果在【设计】选项卡上的【图表样式】组中未看到图表所需的所有颜色选项，则可以用其他方法获得更多颜色。　　　　　　　　　　　　( )

12. 在 Excel 2016 中，绝对引用是指公式中的单元格或单元格区域地址不随着公式位置的改变而发生改变。　　　　　　　　　　　　　　　　　　　　　　　　( )

13. 在 PowerPoint 2016 中，用户可以在任何视图中创建自定义版式。　　　　( )

14. 在 PowerPoint 2016 中，母版有幻灯片母版、标题母版、备注母版和讲义母版四种类型。　　　　　　　　　　　　　　　　　　　　　　　　　　　　　　　　( )

15. 使用病毒防火墙软件后，计算机仍可能感染病毒。　　　　　　　　　　　( )

二、单选题(共 20 题，共计 20 分)

1. 数据库管理系统是( )。

  A. 操作系统的一部分　　　　　　　　B. 在操作系统支持下的系统软件

  C. 一种编译系统　　　　　　　　　　D. 一种操作系统

2. 计算机处理信息的最小单位是( )。

  A. 字节　　　　　　B. 位　　　　　　C. 字　　　　　　D. 字长

3. 在计算机内部，信息的表现形式是( )。

  A. ASCII 码　　　B. 二进制码　　　C. 拼音码　　　　D. 汉字内码

4. 在 Windows 的"回收站"中，存放的( )。

  A. 只能是硬盘上被删除的文件或文件夹

  B. 只能是软盘上被删除的文件或文件夹

  C. 可以是硬盘或软盘上被删除的文件或文件夹

  D. 可以是所有外存储器中被删除的文件或文件夹

5. 在 Windows 中，能改变窗口大小的操作是( )。

  A. 将鼠标指针指向菜单栏，拖动鼠标

  B. 将鼠标指针指向边框，拖动鼠标

  C. 将鼠标指针指向标题栏，拖动鼠标

  D. 将鼠标指针指向任何位置，拖动鼠标

6. 下列程序不属于附件的是( )。

  A. 计算器　　　　　B. 记事本　　　　C. 网上邻居　　　D. 画图

7. 下列关于 Word 的功能说法错误的是( )。

  A. Word 可以进行拼写和语法检查

  B. Word 在查找和替换字符串时，可以区分大小写，但目前不能区分全角半角

  C. Word 中能以不同的比例显示文档

  D. Word 可以自动保存文件，间隔时间由用户设定

8. Word 文本编辑中，文字的输入有插入和改写两种方式，利用键盘上的( )键可以在插入和改写两种状态下切换。

  A. Ctrl　　　　　　B. Delete　　　　C. Insert　　　　D. Shift

9. 在 Word 中，下面描述错误的是(　　)。

　A. 页眉位于页面的顶部　　　　　　　　B. 奇偶页可以设置不同的页眉页脚

　C. 页眉可与文件的内容同时编辑　　　　D. 页脚不能与文件的内容同时编辑

10. 在 Word 2016 中段落格式的设置包括(　　)。

　A. 首行缩进　　　B. 居中对齐　　　C. 行间距　　　D. 以上都对

11. 在 Excel 2016 工作表中，不正确的单元格地址是(　　)。

　A. C$66　　　B. $C66　　　C. C6$　　　D. C66

12. Excel 中活动单元格是指(　　)。

　A. 可以随意移动的单元格

　B. 随其他单元格的变化而变化的单元格

　C. 已经改动了的单元格

　D. 正在操作的单元格

13. 在 Excel 2016 中，关于工作表及为其建立的嵌入式图表的说法，正确的是(　　)。

　A. 删除工作表中的数据，图表中的数据系列不会删除

　B. 增加工作表中的数据，图表中的数据系列不会增加

　C. 修改工作表中的数据，图表中的数据系列不会修改

　D. 以上三项均不正确

14. 在 Excel 2016 中，如果 E1 单元格的数值为 10，F1 单元格输入=E1+20，G1 单元格输入=E1+20，则(　　)。

　A. F1 和 G1 单元格的值均是 30

　B. F1 单元格的值不能确定，G1 单元格的值为 30

　C. F1 单元格的值为 30，G1 单元格的值为 20

　D. F1 单元格的值为 30，G1 单元格的值不能确定

15. 在 PowerPoint 中，下列说法错误的是(　　)。

　A. 可以利用自动版式建立带剪贴画的幻灯片，用来插入剪贴画

　B. 可以向已存在的幻灯片中插入剪贴画

　C. 可以修改剪贴画

　D. 不可以为剪贴画重新上色

16. 在 PowerPoint 2016 中，有关"备注母版"的说法错误的是(　　)。

　A. 备注母版的下方是备注文本区，可以像在幻灯片母版中那样设置其格式

　B. 要转到【备注母版】视图，可选择【视图】选项卡下的【备注母版】按钮

　C. 备注母版的页面共有 5 个设置区：页眉区、页脚区、日期区、幻灯片缩图和数字区

　D. 备注的最主要功能是进一步提示某张幻灯片的内容

17. 在 PowerPoint 中，有关设置幻灯片放映时间的说法中错误的是(　　)。

　A. 只有单击鼠标时换页　　　　　　　　B. 可以设置在单击鼠标时换页

　C. 可以设置每隔一段时间自动换页　　　D. B、C 两种方法可以换页

18. 互联网使用通常使用的网络通信协议是(　　)。

    A. NCP　　　　　　B. NETBUEI　　　　C. OSI　　　　　　D. TCP/IP

19. 下列存储器中，存取速度最快的是(　　)。

    A. 内存储器　　　　B. 光盘　　　　　　C. 硬盘　　　　　　D. 软盘

20. 财务管理软件是一种(　　)。

    A. 源程序　　　　　B. 操作规范　　　　C. 应用软件　　　　D. 系统软件

三、中英文打字(共 1 题，共计 10 分)

    1988 年 11 月 2 日，Internet 蠕虫在 Internet 上蔓延，全部 60,000 个节点中的大约 6,000 个节点受到影响。莫立斯蠕虫事件促使 DARPA 建立了 CERT(计算机危机快速反应小组)以应付此类事件。蠕虫是 CERT 该年内受到咨询的唯一的事情。美国国防部采纳 OSI 协议，将 TCP/IP 作为过渡。美国的政府 OSI 框架文件(GOSIP)公布了美国政府部门采购的产品所必须支持的一组协议，在没有使用联邦基金的情况下建立了 Los Nettos 网络，网络由当地的一些机构支持。

以下第四至七题请使用"模拟试卷一操作题素材"进行操作。

四、Windows 操作题(共 1 题，共计 10 分)

    要求：请在打开的窗口中进行下列操作，完成所有操作后，请关闭窗口。

---

1. 把文件 index.idx 改名为 suoyin.idx。
2. 把文件夹 flower 中以 dat 为扩展名的文件移动到文件夹 back 下。
3. 把文件 count.txt 属性改为隐藏属性(其他属性删除)。
4. 删除文件夹 tree 下所有扩展名为 wps 的文件。
5. 在 back 文件夹下建立文件 sort.dbf 的快捷方式，快捷方式名称是 sort。

五、Word 操作题(共 1 题，共计 15 分)

    要求：请在打开的 Word 文档中进行下列操作，完成所有操作后，请保存文档，并关闭 Word。

    说明：文件中所需要的素材在当前试题文件夹中查找。

按要求完成下列操作：

1. 标题"完美与残缺"设置格式：华文新魏，一号，加粗，浅蓝色，缩放 200%；段前间距为 1 行，段后间距为 1.5 行；给标题所在段落添加方框边框，框线格式为：线型"实线"，颜色"橙色"，宽度"4.5 磅"。

2. 正文各段落设置格式：黑体，五号，绿色，1.5 倍行距；将正文从第四个段落开始的各段设置为首行缩进 2 个字符。

3. 给正文的第 1、2、3 三个段落添加项目符号，项目符号的样式如样张所示。

4. 给正文的第 4、5、6 三个段落的文字添加文字底纹，底纹图案样式为 15%。

5. 将任意一张图片插入文档的任意位置，图片大小为：高 5 厘米，宽 7 厘米，四周型环绕。

6. 插入页脚，页脚内容为"大学计算机基础考试"。

7. 将文档的纸张大小设置为 B5(JIS)，页边距设置为：左、右边距为 2 厘米，上、下边距为 3 厘米。

六、Excel 操作题(共 1 题，共计 15 分)

要求：请在打开的工作表中进行下列操作，完成所有操作后，请关闭 Excel 并保存工作簿。

说明：文件中所需要的素材在当前试题文件夹中查找。

在工作表 Sheet1 中完成如下操作：

1. 以"股票"为关键字，按升序排序。

2. 以"股票"为分类字段，汇总方式为"求和"，对"股数"分类汇总。

3. 设置 B6:E6 单元格区域的外边框的颜色为红色，外边框为"双实线"。

在工作表 Sheet2 中完成如下操作：

4. 设置 B～F 列的列宽为 12，8～19 行的行高为 18。

5. 利用公式或函数计算"奖学金"列所有学生奖学金总和，结果存入相应单元格中(F19)。

6. 设置"学生基本情况表"单元格的水平对齐方式为"居中"。

在工作表 Sheet3 中完成如下操作：

7. 将表格中的数据以"存货周转率"升序排序。

8. 利用"行业"列中的内容和"流动比"列的数据创建图表，图表标题为"流动比"，图表类型为"带数据标记的折线图"，并作为对象插入 Sheet3 中。

七、PowerPoint 操作题(共 1 题，共计 15 分)

要求：请在打开的演示文稿中进行下列操作，完成所有操作后，请关闭 PowerPoint 并保存演示文稿。

说明：文件中所需要的素材在当前试题文件夹中查找。

完善 PowerPoint 文件"文档.pptx"，具体要求如下：

1. 将"医疗垃圾.pptx"中的幻灯片添加至"文档.pptx"的末尾，所有幻灯片应用试题文件夹中的设计模板 Moban01.potx。

2. 在所有幻灯片页脚区添加文字"保护环境，人人有责"。

3. 在第四张幻灯片右下角插入图片 yhlj.jpg，并设置所有幻灯片切换为：形状，单击鼠标时换页。

4. 为第一张幻灯片中的文字建立超链接，分别指向具有相应标题的幻灯片。

❦ 模拟试卷二 ❦

试卷方案：计算机基础考试

试卷总分：100 分

共有题型：7 种

一、判断题(正确的在括号内填 Y，错误则填 N)(共 15 题，共计 15 分)

1. 微处理器能直接识别并执行的命令语言称为汇编语言。 （　）

2. 指令和数据在计算机内部都是以拼音码形式存储的。 （　）

3. 软件通常分为系统软件和应用软件两大类。 （　）

4. 程序一定要调入主存储器中才能运行。 （　）

5. 一台没有软件的计算机，我们称之为"裸机"。"裸机"在没有软件的支持下，不能产生任何动作，不能完成任何功能。 （　）

6. 当微机出现死机时，可以按机箱上的 RESET 键重新启动，而不必关闭主电源。
（　）

7. 在 Windows 中，可以使用"我的电脑"或"资源管理器"来完成计算机系统的软、硬件资源管理。 （　）

8. 在 Windows 中，文件夹或文件的换名只有一种方法。. （　）

9. 在 Word 的编辑状态，执行【编辑】菜单中的【复制】命令后，剪贴板中的内容移到插入点。 （　）

10. 在 Word 2016 中，若要插入页眉或页脚，用户必须先打开页眉和页脚工作区。（　）

11. 在 Word 2016 中，删除目录时，使用键盘上的 Delete 键就可以。 （　）

12. 在 Excel 2016 中，如果要在单元格中输入当天的日期，则按 Ctrl+Shift+：(冒号)组合键。 （　）

13. 在 Excel 2016 中，添加筛选的唯一方法是单击"行标签"或"列标签"旁边的箭头。
（　）

14. 在 PowerPoint 中，用户可以把多个图形作为一个整体进行移动、复制或改变大小。
（　）

15. 在 PowerPoint 中，用户可以从某些幻灯片版式中的图标中插入文本框。 （　）

二、单选题(共 20 题，共计 20 分)

1. 算法的空间复杂度是指(　　)。
   A. 算法在执行过程中所需要的计算机存储空间
   B. 算法所处理的数据量
   C. 算法程序中的语句或指令条数
   D. 算法在执行过程中所需要的临时工作单元数

2. 字符 a 的 ASCII 码为十进制数 97，那么字符 b 所对应的 16 进制数值是(　　)。
   A. 133O　　　　　　B. 1011101B　　　　C. 98D　　　　　　　D. 62H

3. 多媒体信息包括(　　)等媒体元素。
   ①音频　②视频　③动画　④图形图像　⑤声卡　⑥光盘　⑦文字
   A. ①②③④⑤⑦　　　　　　　　　B. ①②③④⑦
   C. ①②③④⑥⑦　　　　　　　　　D. ①②③④⑤⑥⑦

4. 若运行中突然掉电，则微机(　　)会全部丢失。
   A. ROM 和 RAM 中的信息　　　　　B. ROM 中的信息
   C. RAM 中的数据和程序　　　　　　D. 硬盘中的信息

5. Windows 7 中，下列关于"任务"的说法，错误的是(　　)。
   A. 只有一个前台任务
   B. 可以将前台任务变成后台任务
   C. 如果不将后台任务变为前台任务，则它不可能完成
   D. 可以有多个后台任务

6. 在资源管理器的文件夹框中，带+的文件夹图标表示该文件夹(　　)。
   A. 不能展开　　　　　　　　　　　B. 可以包含更多的文件和子文件夹
   C. 包含文件　　　　　　　　　　　D. 包含子文件夹

7. 在 Windows 窗口中要对所选定的文件或文件夹进行改名,不可以使用下列哪种方法(　　)。
   A. 单击鼠标右键从弹出的快捷菜单中选择【重命名】命令
   B. 从窗口上方的菜单栏中选择【编辑】中的【重命名】命令
   C. 从窗口上方的菜单栏中选择【文件】中的【重命名】命令
   D. 再次单击所选定的文件或文件夹名称处，重新输入新名称

8. 在 Word 编辑状态下，不能选定整篇文档的操作是(　　)。
   A. 将鼠标指针移到文本选定区，三击鼠标左键
   B. 使用快捷键 Ctrl+A
   C. 鼠标指针移到文本选定区，按住 Ctrl 键的同时单击左键
   D. 将鼠标指针移到文本的编辑区，三击鼠标左键

9. 在 Word 编辑状态下，若光标位于表格外右侧的行尾处，按 Enter(回车)键,结果(　　)。
   A. 光标移到下一列　　　　　　　　B. 光标移到下一行，表格行数不变
   C. 插入一行，表格行数改变　　　　D. 在本单元格内换行，表格行数不变

10. 在 Word 2016 的字体对话框中，可以设定文本的(   )。
    A. 缩进、字符间距　　　　　　　　　B. 行距、对齐方式
    C. 颜色、上标　　　　　　　　　　　D. 字号、对齐方式

11. 在 Word 的表格操作中，改变表格的行高与列宽可用鼠标操作，方法是(   )。
    A. 当鼠标指针在表格线上变为双箭头形状时拖动鼠标
    B. 双击表格线
    C. 单击表格线
    D. 单击【拆分单元格】按钮

12. 在 Word 中，图文混排操作一般应在(   ) 视图中进行。
    A. 普通　　　　　B. 页面　　　　　C. 大纲　　　　　D. Web 版式

13. 在 Excel 2016 中，A1 单元格设定其数字格式为整数，当输入 33.51 时，显示为(   )。
    A. 33.51　　　　　B. 33　　　　　C. 34　　　　　D. ERROR

14. 在 Excel 工作表中，单元格区域 D2:E4 所包含的单元格个数是(   )。
    A. 5　　　　　B. 6　　　　　C. 7　　　　　D. 8

15. 某区域由 A4、A5、A6 和 B4、B5、B6 组成，下列不能表示该区域的是(   )。
    A. A4:B6　　　　　B. A4:B4　　　　　C. B6:A4　　　　　D. A6:B4

16. 在 Excel 中根据数据表制作图表时，可以对(   )进行设置。
    A. 标题　　　　　B. 坐标轴　　　　　C. 网格线　　　　　D. 都可以

17. 在 Excel 2016 中，若在 A2 输入公式=56<=57，则显示结果是(   )。
    A. 56<57　　　　　B. =56<=57　　　　　C. TRUE　　　　　D. FALSE

18. 已知 a=(111101)B，b=(3)H，c=(64)D，则不等式(   )成立。
    A. a<b<c　　　　　B. b<a<c　　　　　C. b<c<a　　　　　D. c<b<a

19. 在演示文稿放映过程中，可随时按(   )键终止放映，返回到原来的视图中。
    A. Enter　　　　　B. Esc　　　　　C. Pause　　　　　D. Ctrl

20. 下列域名中，属于教育机构的是(   )。
    A. www.htu.edu.cn　　　　　　　　　B. edu.sina.com
    C. www.jiaoyu.net　　　　　　　　　D. www.beida.org

三、中英文打字(共 1 题，共计 10 分)

Power Builder(以下简称 PB)是数据库管理系统的开发工具。在窗体中新建一 OLE 控件，在出现的"Insert Object 属性"窗口中选择 Insert Control Tab 选项卡，在 Control Type 选项中选择 Microsoft Communications Control 选项(如果没有，说明此机器未注册安装此控件，安装注册的具体方法我们将在下面做详细的介绍)，单击 OK 按钮后将控件放在窗体中任一位置(因为控件在实际运行时是不可见的，可以任意放置)，系统中出现 Mscomm 控件图标，给此控件命名为 OLE_comm。

以下第四至七题请使用"模拟试卷二操作题素材"进行操作。

四、Windows 操作题(共 1 题，共计 10 分)

要求：请在打开的窗口中进行下列操作，完成所有操作后，请关闭窗口。

1. 将文件夹 tk 剪切到文件夹 tw 内。
2. 将文件夹 tk 改名为 tkk。
3. 将文件夹 tr 复制到文件夹 tw 内。
4. 在文件夹 tw 文件夹内新建一个名为 lh 的 Word 文档，并把 Word 文档 lh 复制到此目录下的文件夹 tr 内。

五、Word 操作题(共 1 题，共计 15 分)

要求：请在打开的 Word 文档中进行下列操作，完成所有操作后，请保存文档，并关闭 Word。

说明：文件中所需要的素材在当前试题文件夹中查找。

按要求完成下列操作：

1. 将页面设置为：A4 纸，上、下、左、右页边距均为 3 厘米，每页 40 行，每行 38 个字符。
2. 参考样张，在文章适当位置插入竖排文本框"酷爱动物的南非人"，设置文字格式为华文新魏，二号字，红色。
3. 设置文本框格式为：黄色填充色、红色边框，高度为 7cm，宽度为 1.6cm，环绕方式为四周型，并适当调整其位置。
4. 设置正文第一段首字下沉 3 行、距正文 10 磅，首字字体为隶书、红色，其余各段落设置为首行缩进 2 字符。
5. 参考样张，在正文适当位置插入试题文件夹中的图片 pic.jpg，设置图片高度为 5cm，宽度为 7cm，环绕方式为四周型。
6. 设置文档页眉为"南非是动物的乐园"，页脚为"动物王国"，均居中对齐。

六、Excel 操作题(共 1 题，共计 15 分)

要求：请在打开的工作表中进行下列操作，完成所有操作后，请关闭 Excel 并保存工作簿。

说明：文件中所需要的素材在当前试题文件夹中查找。

在工作表 Sheet1 中完成如下操作：

1. 将总标题"学生英语成绩统计表"的格式设置为在区域 A1:I1 上跨列居中，字号为 20，字体为华文新魏，颜色为红色；将区域 A2:I2 的格式设置为字号 14，字体为黑体，颜色为蓝色，对齐方式设置为水平居中和垂直居中；为区域 A2:I18 添加内外边框，边框为细实线。

2. 用 Average 函数计算每位同学的平均分，结果保留 1 位小数。

3. 用 RANK 函数在区域 I3:I18 中填入名次。

在工作表 Sheet2 中完成如下操作：

4. 将工作表 Sheet1 的区域 A2:I18 采用选择性粘贴方式(值和数字格式)复制到工作表 Sheet2 中 A1 开始的区域，然后在工作表 Sheet2 中使用自动筛选方式筛选出"70<=听力<=80"的所有记录。

在工作表 Sheet3 中完成如下操作：

5. 将工作表 Sheet1 中的区域 A2:I18 采用选择性粘贴方式(值和数字格式)复制到工作表 Sheet3 中 A1 开始的区域，然后对 Sheet3 中的数据按"住宿情况"进行分类汇总(按升序进行分类)，汇总方式：平均值，汇总项：平均分。

七、PowerPoint 操作题(共 1 题，共计 15 分)

要求：请在打开的演示文稿中进行下列操作，完成所有操作后，请关闭 PowerPoint 并保存演示文稿。

说明：文件中所需要的素材在当前试题文件夹查找。

---

1. 插入一张幻灯片，版式为"标题和内容"，设置主题为"活力"，并完成如下设置：

(1) 设置标题内容为"计算机基本知识"，字体为"黑体"，字形为"加粗"，字号为 54。

(2) 设置文本内容为"计算机的产生、发展、应用""计算机系统组成""计算机安全常识"，为文字"计算机的产生、发展、应用"设置超级链接为"下一张幻灯片"。

(3) 插入任意一幅剪贴画，设置水平位置为"18.46 厘米"，竖直位置为"8.73 厘米"。

2. 插入一张新幻灯片，版式设置为"空白"，并完成如下设置：

(1) 插入一横排文本框，设置文字内容为"计算机的产生、发展、应用"，字号为 36。

(2) 插入一横排文本框，设置文字内容为"第一台计算机 ENIAC1946 年诞生于美国"。

(3) 设置两个横排文本框进入时的自定义动画都为"飞入"(不同时)，方向为"自右侧"，位置和大小参照样张图片。

(4) 插入任意一幅剪贴画，设置进入时的自定义动画为"飞入"，方向为"自左侧"。

❧ 模拟试卷三 ❦

试卷方案：计算机基础考试

试卷总分：100 分

共有题型：7 种

一、判断题(正确的在括号内填 Y，错误则填 N)(共 15 题，共计 15 分)

1. 不同厂家生产的计算机一定互相不兼容。   (   )

2. 微处理器能直接识别并执行的命令语言称为汇编语言。   (   )

3. 所有的十进制数都可以精确转换为二进制数。   (   )

4. 在计算机中，由于 CPU 与主存储器的速度差异较大，常用的解决办法是使用高速的静态存储器 SRAM 作为主存储器。   (   )

5. 退出 Windows 时，直接关闭微机电源可能产生的后果有：可能破坏某些程序的数据，可能造成下次启动时故障等后果。   (   )

6. 在 Windows 操作系统中，任何一个打开的窗口都有滚动条。   (   )

7. Windows 中文件扩展名的长度最多可达 255 个。   (   )

8. Windows 的"桌面"是不可以调整的。   (   )

9. 在 Word 中，用户可以使用 Alt、Tab 和 Enter 键移动到功能区并启动命令。   (   )

10. 在 Word 中，页面视图模式可以显示水平标尺。   (   )

11. 在 Word 2016 中，分节符意味着用户在此节创建的任何页眉或页脚内容仅应用此节。   (   )

12. 在 Word 中，用户必须处于页面视图中才能查看或自定义文档中的水印。   (   )

13. 在 Excel 中，若要添加列，用户应当在要插入新列的位置右侧的列中，单击任意单元格。   (   )

14. Excel 中的图表工具同样也会出现在 PowerPoint 中。   (   )

15. PowerPoint 的每张幻灯片中只能包含一个链接点。   (   )

二、单选题(共 20 题，共计 20 分)

1. FTP 是(   )协议的简写。

    A. 文件传输   B. 超文本传输   C. 网络服务   D. 远程传输

2. 能够快速改变演示文稿的背景图案和配色方案的操作是(   )。

    A. 编辑母板

    B. 在【设计】选项卡中的【效果】下拉列表框中选择

    C. 切换到不同的视图

    D. 在【设计】选项卡中单击不同的设计模板

3. 在 Excel 2016 工作表中，函数 ROUND(5472.614,0)的结果是(　　)。

    A. 5473　　　　　　　B. 5000　　　　　　　C. 0.614　　　　　　　D. 5472

4. 关系表中的每一横行称为一个(　　)。

    A. 元组　　　　　　　B. 字段　　　　　　　C. 属性　　　　　　　D. 码

5. 在 Word 中，下述关于分栏操作的说法正确的是(　　)。

    A. 只能对整篇文档进行分栏

    B. 只有在打印预览和页面视图下才可看到分栏效果

    C. 设置的各栏宽度和间距与页面宽度无关

    D. 栏与栏之间不可以设置分隔线

6. 在 Word 的表格操作中，改变表格的行高与列宽可用鼠标操作，方法是(　　)。

    A. 当鼠标指针在表格线上变为双箭头形状时拖动鼠标

    B. 双击表格线

    C. 单击表格线

    D. 单击【拆分单元格】按钮

7. 对于 Word 中表格的叙述，正确的是(　　)。

    A. 不能删除表格中的单元格　　　　　　　B. 表格中的文本只能垂直居中

    C. 可以对表格中的数据排序　　　　　　　D. 不可以对表格中的数据进行公式计算

8. 在 Word 中，如果想在某一个页面没有写满的情况下强行分页，可以插入(　　)。

    A. 项目符号　　B. 边框　　　　　　C. 分页符　　　　　　D. 换行符

9. 在 Word 表格中，下列公式正确的是(　　)。

    A. LEFT()　　　　B. SUM(ABOVE)　　C. ABOVE　　　　　D. =SUM(LEFT)

10. Word 默认的纸张大小是(　　)。

    A. A4　　　　　　B. B5　　　　　　　C. A3　　　　　　　D. 16 开

11. 在 Word 中，图文混排操作一般应在(　　) 视图中进行。

    A. 普通　　　　　B. 页面　　　　　　C. 大纲　　　　　　D. Web 版式

12. 在 Word 编辑状态下，对于选定的文字(　　)。

    A. 可以移动，不可以复制　　　　　　　B. 可以复制，不可以移动

    C. 可以进行移动或复制　　　　　　　　D. 可以同时进行移动和复制

13. 在 Windows 7 中，各个输入法之间切换，应按(　　)键。

    A. Shift+空格　　B. Ctrl+空格　　　C. Ctrl+Shift　　　D. Alt+回车

14. 在 Windows 操作系统中，可以(　　)。

    A. 在根目录下允许建立多个同名的文件或文件夹

    B. 同一文件夹中可以建立两个同名的文件或文件夹

    C. 在不同的文件夹中不允许建立两个同名的文件或文件夹

    D. 同一文件夹中不允许建立两个同名的文件或文件夹

15. 下列程序不属于附件的是(　　)。

　　A. 计算器　　　　B. 记事本　　　　C. 网上邻居　　　　D. 画图

16. 在 Windows 7 中，按 PrintScreen 键，则使整个桌面内容 (　　)。

　　A. 打印到打印纸上　B. 打印到指定文件　C. 复制到指定文件　D. 复制到剪贴板

17. 软件需求分析阶段的工作，可以分为四个方面，即需求获取、需求分析、编写需求规格说明书以及(　　)。

　　A. 阶段性报告　　　B. 需求评审　　　　C. 总结　　　　　　D. 都不正确

18. 在 Windows 中，对同时打开的多个窗口进行层叠式排列，这些窗口的显著特点是(　　)。

　　A. 每个窗口的内容全部可见　　　　　　B. 每个窗口的标题栏全部可见

　　C. 部分窗口的标题栏不可见　　　　　　D. 每个窗口的部分标题栏可见

19. 微型计算机完成各种算术运算和逻辑运算的部件称为(　　)。

　　A. 控制器　　　　B. 寄存器　　　　　C. 运算器　　　　　D. 加法器

20. 二进制数 1100101 的十进制数表示是(　　)。

　　A. 99　　　　　　B. 100　　　　　　　C. 101　　　　　　　D. 102

三、中英文打字(共 1 题，共计 10 分)

　　BBN 的 Ray Tomlinson 发明了通过分布式网络发送消息的 email 程序。其最初的程序由两部分构成：同一机器内部的 email 程序(SENDMSG)和一个实验性的文件传输程序(CPYNET)。BBN 的 Ray Tomlinson 为 ARPANET 修改了 email 程序，这个程序变得非常热门。Tomlinson 的 33 型电传打字机选用@作为代表在的含义的标点符号。Larry Roberts 写出了第一个 email 管理程序(RD)，可以将信件列表、有选择地阅读、转存文件、转发和回复。

以下第四至七题请使用"模拟试卷三操作题素材"进行操作。

四、Windows 操作题(共 1 题，共计 10 分)

_____

要求：请在打开的窗口中进行下列操作，完成所有操作后，请关闭窗口。

_____

1. 设置文本文档 wt 的属性为"只读"和"存档"。

2. 删除文件夹 pe。

3. 将文本文档 wt 复制到文件夹 te 内。

4. 在文件夹 te 下新建一个名称为 ra 的文件夹。

五、Word 操作题(共 1 题，共计 15 分)

要求：请在打开的 Word 文档中进行下列操作，完成所有操作后，请保存文档，并关闭 Word。

说明：文件中所需要的素材在当前试题文件夹中查找。

按要求完成下列操作：

1. 将标题"人生值得珍藏的 42 句话"的格式设置为：华文中宋，28 号，加粗，字符间距加宽 2 磅，加着重号；对齐方式：居中。

2. 将正文各段落(从"生气是拿别人做错的事来惩罚自己……"开始)的格式设置为：小四，蓝色，段前间距 0.5 行，段后间距 0.5 行。

3. 给正文各段落(从"生气是拿别人做错的事来惩罚自己……"开始)添加编号，格式为"1.，2.，3.……"。

4. 给整篇文档设置带阴影的页面边框，线条样式为对倒数第四种线型，宽度为 3 磅，可参考样张 1。

5. 将文档的纸张大小设置为 B5，页边距设置为：左、右边距为 2 厘米，上、下边距为 2 厘米。

6. 插入页眉，页眉内容为"大学计算机基础考试"。

7. 在文档第 1 页的右下角空白处插入任意一张图片，图片大小为：高 5 厘米，宽 3.5 厘米；环绕方式为：浮于文字上方。

六、Excel 操作题(共 1 题，共计 15 分)

要求：请在打开的工作表中进行下列操作，完成所有操作后，请关闭 Excel 并保存工作簿。

说明：文件中所需要的素材在当前试题文件夹中查找。

在工作表 Sheet1 中完成如下操作：

1. 为 G6 单元格添加批注，内容为"今年"。

2. 设置 B 列的列宽为 12，6～15 行的行高为 18。

3. 将表格中的数据以"总课时"为关键字，按升序排序。

4. 设置"姓名"列所有单元格的水平对齐方式为"居中"，并添加"单下画线"。

5. 利用函数计算数值各列的平均数，结果添到相应的单元格中。

6. 将"姓名"列所有单元格的底纹颜色设置成"浅蓝色"。

7. 利用"授课班数、授课人数、课时(每班)和姓名"列中的数据创建图表，图表标题为"授课信息统计表"，图表类型为"簇状柱形图"，并作为对象插入 Sheet1。

七、PowerPoint 操作题(共 1 题，共计 15 分)

要求：请在打开的演示文稿中进行下列操作，完成所有操作后，请关闭 PowerPoint 并保存演示文稿。

说明：文件中所需要的素材在当前试题文件夹中查找。

完善 PowerPoint 文件 Web.pptx，具体要求如下：

1. 将所有幻灯片背景填充效果预设为"茵茵绿原"。
2. 除标题幻灯片外，在其他幻灯片中添加幻灯片编号。
3. 为第二张幻灯片文本区中的各行文字建立超链接，分别指向具有相应标题的幻灯片。
4. 在最后一张幻灯片的右下角添加"第一张"动作按钮，超链接指向第一张幻灯片。

∞ 模拟试卷四 ∞

试卷方案：计算机基础考试

试卷总分：100 分

共有题型：7 种

一、判断题(正确的在括号内填 Y，错误则填 N)(共 15 题，共计 15 分)

1. 计算机常用的输入设备为键盘、鼠标，常用的输出设备有显示器、打印机。 （ ）
2. USB 接口是一种通用的总线式并行接口，适用于连接键盘、鼠标、数码相机和外接硬盘等外设。 （ ）
3. 存储单元的内容可以多次读出，其内容保持不变。 （ ）
4. CPU 与内存的工作速度几乎差不多，增加 Cache 只是为了扩大内存的容量。 （ ）
5. Windows 环境中可以同时运行多个应用程序。 （ ）
6. 在 Windows 中，使用鼠标拖放功能，可以实现文件或文件夹的快速移动或复制。 （ ）
7. 中文输入法不能输入英文。 （ ）
8. 在 Windows 中，启动资源管理器的方式至少有三种。 （ ）
9. Word 是一个字表处理软件，文档中不能有图片。 （ ）
10. 在 Word 中，大多数组合键键盘快捷方式使用 Shift 键。 （ ）
11. 在 Word 2016 中，应通过在自动目录中输入新页码或文本来手动更新自动目录。 （ ）
12. Excel 规定，在不同的工作表中不能将工作表名字重复定义。 （ ）
13. Excel 2016 中分类汇总后的数据清单不能再恢复原工作表的记录。 （ ）

14. 在 Excel 中，"名称框"显示活动单元格的内容。 （   ）

15. 在 PowerPoint 2016 的幻灯片区中，可以通过标尺来设置段落的缩进格式。 （   ）

二、单选题(共 20 题，共计 20 分)

1. 互联网使用通常使用的网络通信协议是(   )。

    A. NCP   B. NETBUEI   C. OSI   D. TCP/IP

2. 二进制数 1100101 的十进制数表示是(   )。

    A. 99   B. 100   C. 101   D. 102

3. 多媒体计算机是指(   )。

    A. 必须与家用电器连接使用的计算机   B. 能玩游戏的计算机

    C. 能处理多种媒体信息的计算机   D. 安装有多种软件的计算机

4. 软件设计中划分模块的一个准则是(   )。

    A. 低内聚低耦合   B. 高内聚低耦合

    C. 低内聚高耦合   D. 高内聚高耦合

5. 微机的常规内存储器的容量为 640KB，这里的 1KB 是(   )。

    A. 1024 字节   B. 1000 字节   C. 1024 比特   D. 1000 比特

6. 下列等式中，正确的是(   )。

    A. 1KB=1024×1024B   B. IMB=1024B

    C. 1KB=1024b   D. 1MB=1024×1024B

7. 下列扩展名是.WAV 的多媒体文件为(   )。

    A. 音频   B. 乐器数字   C. 动画   D. 数字视频

8. 当在资源管理器的【编辑】菜单中使用了【反向选择】命令后，其正确的描述是(   )。

    A. 文件从下到上选择

    B. 文件从右到左选择

    C. 选中的文件变为不选中，不选中的文件反而选中

    D. 所有文件全部逆向显示

9. Windows 的文件夹组织结构是一种(   )。

    A. 表格结构   B. 树形结构   C. 网状结构   D. 线性结构

10. 在 Windows 7 的【资源管理器】窗口中，若希望显示文件的名称、类型、大小等信息，则应该选择【查看】菜单中的(   )。

    A. 列表   B. 详细资料   C. 小图标   D. 大图标

11. 在 Word 编辑状态下，要统计文档的字数，需要使用的选项卡是(   )。

    A. 【开始】选项卡   B. 【页面布局】选项卡

    C. 【引用】选项卡   D. 【审阅】选项卡

12. 在 Word 中进行文本移动操作，下面说法不正确的是(   )。

    A. 文本被移动到新位置后，原位置的文本不存在

B. 文本移动操作首先要选定文本

C. 可以使用【剪切】【粘贴】命令完成文本移动操作

D. 在使用【剪切】【粘贴】命令进行文本移动时，被"剪切"的内容只能"粘贴"一次

13. 在 Word 文档窗口中，当【开始】选项卡上【剪贴板】组中的【剪切】和【复制】命令项呈浅灰色而不能被选择时，表示的是(　　)。

A. 选定的文档内容太长，剪贴板放不下

B. 剪贴板里已经有信息了

C. 在文档中没有选定任何信息

D. 正在编辑的内容是页眉或页脚

14. 在 Word 2016 的字体对话框中，可以设定文本的(　　)。

A. 缩进、字符间距　　　　　　　　B. 行距、对齐方式

C. 颜色、上标　　　　　　　　　　D. 字号、对齐方式

15. 在 Excel 2016 中，若在单元格输入当前日期，可以按 Ctrl 键的同时按(　　)键。

A.；　　　　　　B.：　　　　　　C./　　　　　　D.-

16. 已知 a=(111101)B，b=(3)H，c=(64)D，则不等式(　　)成立。

A. a<b<c　　　B. b<a<c　　　C. b<c<a　　　D. c<b<a

17. 在 PowerPoint 中，有关设置幻灯片放映时间的说法中错误的是(　　)。

A. 只有单击鼠标时换页　　　　　　B. 可以设置在单击鼠标时换页

C. 可以设置每隔一段时间自动换页　D. B、C 两种方法可以换页

18. 第一代计算机所使用的计算机语言是(　　)。

A. 高级程序设计语言　　　　　　　B. 机器语言

C. 数据库管理系统　　　　　　　　D. BASIC

19. 在软件开发中，下面任务不属于设计阶段的是(　　)。

A. 数据结构设计　　　　　　　　　B. 给出系统模块结构

C. 定义模块算法　　　　　　　　　D. 定义需求并建立系统模型

20. 在计算机技术指标中，MIPS 用来描述计算机的(　　)。

A. 运算速度　　　B. 时钟主频　　　C. 存储容量　　　D. 字长

三、中英文打字(共 1 题，共计 10 分)

Macromedia Flash Player 是迄今网络上使用最为广泛的软件，无论在什么平台、使用何种浏览器都可以体验到有声有色的 Flash 程序。用户可以使用 Flash 技术、HTML 和简单的后台技术轻松实现网上流媒体的观看以及其他多媒体通信应用。但如果运行需要强大后台支持的应用，就算是 Flash MX 也难免显得有些势单力孤，Flash Communication Server MX(以下简称 Comm Server)这个 Macromedia 发布的第一个通信服务器正是与 Flash Player 相辅相成的后台产品。

以下第四至七题请使用"模拟试卷四操作题素材"进行操作。

四、Windows 操作题(共 1 题,共计 10 分)

要求: 请在打开的窗口中进行下列操作,完成所有操作后,请关闭窗口。

------

1. 新建一个文件夹 T,将文件夹 EXAA 下的全部文件复制到新建的文件夹 T 中。

2. 在文件夹 T 下,建立文件夹 KSAA,并将文件夹 T 中的 Word 文档 wjb 和 Access 数据库文件 sjk2 及 Excel 文档 BG2 移动到文件夹 KSAA 中。

3. 将文件夹 T 中的文件 002.jpg 重命名为 DDB.jpg。

4. 删除文件夹 EXAA 中的文件 ad2.txt。

五、Word 操作题(共 1 题,共计 15 分)

要求: 请在打开的 Word 文档中进行下列操作,完成所有操作后,请保存文档,并关闭 Word。

说明: 文件中所需要的素材在当前试题文件夹中查找。

按要求完成下列操作:

1. 将标题"你不能施舍给我翅膀"的格式设置为:华文行楷,一号,倾斜,加下画线(下画线为直线),字体颜色为"红色"。

2. 将正文各段落(从"在蛾子的世界里……"开始)的格式设置为:首行缩进 2 字符,段前 0.5 行,段后 0.5 行,1.5 倍行距。

3. 将第一段文字(在蛾子的……"帝王蛾"。)的格式设置成"蓝色、加粗"。

4. 插入页眉,页眉内容为"大学计算机基础考试"。

5. 将文档的纸张大小设置为 A4,页边距设置为:左、右边距 3 厘米,上、下边距 2 厘米。

6. 将正文所有段落(从"在蛾子的世界里……"开始)分成三栏。

7. 在第三栏末尾的空白区域插入艺术字,内容为"飞翔",式样为第 1 行第 3 列,四周型环绕。

六、Excel 操作题(共 1 题,共计 15 分)

要求: 请在打开的工作表中进行下列操作,完成所有操作后,请关闭 Excel 并保存工作簿。

说明: 文件中所需要的素材在当前试题文件夹查找。

在工作表 Sheet1 中完成如下操作:

1. 设置所有数字项单元格(C8:D14)水平对齐方式为"居中",字形"倾斜",字号为 14。

2. 为 B13 单元格添加批注,内容为"零售产品"。

3. 筛选出 1996 年市场份额超出 10%的设备。

在工作表 Sheet2 中完成如下操作:

4. 利用"间隔"和"频率"列创建图表,图表标题为"频率走势表",图表类型为"带数据标记的折线图",作为对象插入 Sheet2 中。

5. 设置 B6:E6 单元格的边框为"双线边框"。

在工作表 Sheet3 中完成如下操作:

6. 将表格中的数据以"2000 年"为关键字,以递增顺序排序。

7. 利用函数计算"合计"列各个行的总和,并将结果存入相应的单元格中。

8. 将 C9:F12 单元格的形式更改为"文本"。

七、PowerPoint 操作题(共 1 题,共计 15 分)

要求: 请在打开的演示文稿中进行下列操作,完成所有操作后,请关闭 PowerPoint 并保存演示文稿。

说明: 文件中所需要的素材在当前试题文件夹查找。

1. 选择主题为"奥斯汀"。

2. 在第 2 张幻灯片插入一个横排文本框,设置文字内容为"北京古城",字体为"华文彩云",字形为"加粗",字号为 60,颜色为"红色 RGB(255,0,0)",对齐方式为"右对齐"(位置参照样张图片)。

3. 在第 3 张幻灯片后插入一张新幻灯片,版式设置为"仅标题",在新插入的幻灯片上进行如下设置:

(1) 设置主标题文字内容为"宗教建筑"。

(2) 插入图片 P09-M.GIF,设置高度为"9 厘米",宽为"6.5 厘米"。

4. 设置全部幻灯片的切换效果为"自右侧擦除",幻灯片放映方式为"在展台浏览"。

∞ 模拟试卷五 ∞

试卷方案：计算机基础考试

试卷总分：100 分

共有题型：7 种

一、判断题(正确的在括号内填 Y，错误则填 N)(共 15 题，共计 15 分)

1. 八进制数 13657 与二进制数 1011110101111 两个数的值是相等的。　　　　(　　)

2. 软件通常分为系统软件和应用软件两大类。　　　　(　　)

3. USB 接口是一种数据的高速传输接口，通常连接的设备有移动硬盘、U 盘、鼠标、扫描仪等。　　　　(　　)

4. "程序存储和程序控制"思想是微型计算机的工作原理，对巨型机和大型机不适用。　　　　(　　)

5. 在 Windows 中，不能删除有文件的文件夹。　　　　(　　)

6. 在 Windows 中，用户可以用 PrintScreen 键或 Alt+PrintScreen 键来截取屏幕内容。　　　　(　　)

7. Windows 中的文件属性有只读、隐藏、存档和系统四种。　　　　(　　)

8. Word 中要浏览文档，必须按向下键以从上向下浏览文档。　　　　(　　)

9. 在对 Word 文档进行编辑时，如果操作错误，可单击【工具】菜单里的【自动更正】命令项，以便恢复原样。　　　　(　　)

10. 在 Word 2016 中，用户无法设置域的格式，如让结果显示为蓝色文本。　　　　(　　)

11. 在 Excel 2016 中，在某个单元格中输入=18+11，按回车键后显示=18+11。　　　　(　　)

12. 在 Excel 2016 中，单击【常用】工具栏中的【打印】按钮，会弹出【打印】对话框。　　　　(　　)

13. 在 Excel 中，生成数据透视表后，将无法更改其布局。　　　　(　　)

14. 在 Excel 2016 中，若要插入新列，首先需在【开始】选项卡上的【单元格】组中单击。　　　　(　　)

15. 在 PowerPoint 2016 中应用主题时，它始终影响演示文稿中的每一张幻灯片。(　　)

二、单选题(共 20 题，共计 20 分)

1. FTP 是(　　)协议的简写。

　　A. 文件传输　　　　B. 超文本传输　　　　C. 网络服务　　　　D. 远程传输

2. 在演示文稿放映过程中，可随时按(　　)键终止放映，返回到原来的视图中。

　　A. Enter　　　　B. Esc　　　　C. Pause　　　　D. Ctrl

3. 在 Excel 2016 工作表中，函数 ROUND(5472.614，0)的结果是(　　)。

　　A. 5473　　　　　B. 5000　　　　　C. 0.614　　　　　D. 5472

4. 在 Excel 2016 中，关于工作表及为其建立的嵌入式图表的说法，正确的是(　　)。

　　A. 删除工作表中的数据，图表中的数据系列不会删除

　　B. 增加工作表中的数据，图表中的数据系列不会增加

　　C. 修改工作表中的数据，图表中的数据系列不会修改

　　D. 以上三项均不正确

5. 在 Excel 中，对于上下相邻两个含有数值的单元格用拖曳法向下做自动填充，默认的填充规则是(　　)。

　　A. 等比序列　　　B. 等差序列　　　C. 自定义序列　　　D. 日期序列

6. Excel 中活动单元格是指(　　)。

　　A. 可以随意移动的单元格　　　　　B. 随其他单元格的变化而变化的单元格

　　C. 已经改动了的单元格　　　　　　D. 正在操作的单元格

7. 在 Word 中，不缩进段落的第一行，而缩进其余的行，是指(　　)。

　　A. 首行缩进　　　B. 悬挂缩进　　　C. 左缩进　　　　　D. 右缩进

8. 在 Word 文档中插入的图片默认使用的环绕方式是(　　)。

　　A. 四周型　　　　B. 嵌入型　　　　C. 紧密型　　　　　D. 开放型

9. 在 Word 表格中，下列公式正确的是(　　)。

　　A. LEFT()　　　B. SUM(ABOVE)　　C. ABOVE　　　D. =SUM(LEFT)

10. 在 Word 表格中，如果将两个单元格合并，原有两个单元格的内容(　　)。

　　A. 不合并　　　　B. 完全合并　　　C. 部分合并　　　D. 有条件地合并

11. 在 Word 中，如果想在某一个页面没有写满的情况下强行分页，可以插入(　　)。

　　A. 项目符号　　　B. 边框　　　　　C. 分页符　　　　D. 换行符

12. 在 Word 编辑状态下，不能选定整篇文档的操作是(　　)。

　　A. 将鼠标指针移到文本选定区，三击鼠标左键

　　B. 使用快捷键 Ctrl+A

　　C. 鼠标指针移到文本选定区，按住 Ctrl 键的同时单击左键

　　D. 将鼠标指针移到文本的编辑区，三击鼠标左键

13. Word 具有的功能是(　　)。

　　A. 表格处理　　　B. 绘制图形　　　C. 自动更正　　　D. 以上三项都是

14. 有关 Windows 写字板的正确说法有(　　)。

　　A. 可以保存为纯文本文件　　　　　B. 可以保存为 Word 文档

　　C. 不可以改变字体大小　　　　　　D. 无法插入图片

15. 选中命令项右边带省略号(...) 的菜单命令，将会出现(　　)。

　　A. 若干个子命令　　　　　　　　　B. 当前无效

　　C. 另一个文档窗口　　　　　　　　D. 对话框

16. 在 Windows 7 中，可以打开【开始】菜单的组合键是(　　)。

    A. Alt+Esc   B. Ctrl+Esc   C. Tab+Esc   D. Shift+Esc

17. 在 Windows7 中，用户同时打开的多个窗口可以层叠式或平铺式排列，要想改变窗口的排列方式，应进行的操作是(　　)。

    A. 右键单击【任务栏】空白处，然后在弹出的快捷菜单中选取要排列的方式

    B. 右键单击桌面空白处，然后在弹出的快捷菜单中选取要排列的方式

    C. 先打开【资源管理器】窗口，选择其中的【查看】菜单下的【排列图标】项

    D. 先打开【计算机】窗口，选择其中的【查看】菜单下的【排列图标】项

18. 组成微型计算机中央处理器的是(　　)。

    A. 内存和控制器   B. 内存和运算器

    C. 内存、控制器、运算器   D. 控制器和运算器

19. 十进制数 745 的十六进制的表示是(　　)。

    A. 34AH   B. A12H   C. 2E9H   D. 2CAH

20. 下面叙述正确的是(　　)。

    A. 算法的执行效率与数据的存储结构无关

    B. 算法的空间复杂度是指算法程序中指令(或语句)的条数

    C. 算法的有穷性是指算法必须能在执行有限个步骤之后终止

    D. 以上三种描述都不对

三、中英文打字(共 1 题，共计 10 分)

第一届 TCP/IP Interoperability 会议召开。1988 年会议改名为 INTEROP。在德国和中国间采用 CSNET 协议建立了 email 连接，9 月 20 日从中国发出了第一封信。第 1000 份 RFC 文件：Request For Comments reference guide。NSFNET 主干网速率升级到 T1。在 Susan Estrada 资助下建立了 CERFnet(加里福尼亚教育与研究联合网)。12 月以 Jon Postel 为首的 Internet Assigned Numbers Authority(IANA)成立。Postel 多年来还是 REC 文件编辑和美国域名注册管理者。

以下第四至七题请使用"模拟试卷五操作题素材"进行操作。

四、Windows 操作题(共 1 题，共计 10 分)

要求：请在打开的窗口中进行下列操作，完成所有操作后，请关闭窗口。

----

1. 打开"计算器"相关帮助，查找"计算器"概述相关的一些内容，把它们复制到记事本中，以 calculation.txt 文件名保存到当前目录下，并设置其属性为"只读"。

2. 查找本机 C 盘上 Clock.avi 文件，并把它复制到试题文件夹下。

3. 设置 stu 文件夹的属性为隐藏。

五、Word 操作题(共 1 题，共计 15 分)

要求：请在打开的 Word 文档中进行下列操作，完成所有操作后，请保存文档，并关闭 Word。

说明：文件中所需要的素材在当前试题文件夹中查找。

按要求完成下列操作：

1. 将页面设置为：A4 纸张，上、下页边距 3 厘米，左、右页边距 2 厘米，每页 38 行，每行 40 个字符。

2. 设置各段均为 1.5 倍行距，第四段首字下沉 2 行，首字字体为隶书、绿色，其余各段首行缩进 2 字符。

3. 参考样张，在正文适当位置插入内容为"世界进入粮食短缺时代"的竖排文本框，设置其字体格式为隶书、三号字、红色，环绕方式为四周型，填充色为橙色。

4. 参考样张，为页面添加 3 磅绿色方框边框。

5. 设置页眉为"粮食短缺"，页脚为"粮价上涨"，均居中对齐。

6. 参考样张，在正文第三段适当位置插入艺术字"粮食危机"，要求采用第三行第四列式样，设置艺术字字体为华文行楷、44 号，环绕方式为衬于文字下方。

7. 将正文最后一段分成等宽的三栏，加分隔线。

六、Excel 操作题(共 1 题，共计 15 分)

要求：请在打开的工作表中完成下列操作，完成所有操作后，请关闭 Excel 并保存工作簿。

说明：文件中所需要的素材在当前试题文件夹中查找。

在工作表 Sheet1 中完成如下操作：

1. 设置表格中"借书证号"列的所有单元格的水平对齐方式为"居中"。

2. 利用函数计算出总共借出的册数，结果放在相应单元格中。

在工作表 Sheet2 中完成如下操作：

1. 设置标题"美亚华电器集团"单元格的字号为 16，字体为"黑体"。

2. 为 D7 单元格添加批注，内容为"纯利润"。

3. 将标题"美亚华电器集团"所在单元格的底纹颜色设置成"浅蓝色"。

在工作表 Sheet3 中完成如下操作：

1. 将工作表表命名为"奖金表"。

2. 利用"姓名，奖金"数据建立图表，图表标题为"销售人员奖金表"，图表类型为"堆积面积图"，并作为对象插入"奖金表"中。

七、PowerPoint 操作题(共 1 题，共计 15 分)

要求：请在打开的演示文稿中完成下列操作，完成所有操作后，请关闭 PowerPoint 并保存演示文稿。

说明：文件中所需要的素材在当前试题文件夹查找。

---

1. 插入一张幻灯片，设置幻灯片版式为"空白"，并进行如下设置：

(1) 插入任意一副剪贴画，水平位置为"11.03 厘米"，垂直位置为"8 厘米"。

(2) 在幻灯片的右上角插入一横排文本框，设置文字内容为"送您一棵树"，字体为"隶书"，字形为"加粗、倾斜"，文字效果为"阴影"，字号为 24，字体字颜色为"标准色-红色 RGB(255,0,0)"，设置进入时的自定义动画效果为"飞入"，方向为"自右下部"。

2. 插入第二张幻灯片，设置幻灯片版式为"空白"，并进行如下设置：插入一横排文本框，设置文字内容为"请听小树的呼声"，字体为"黑体"，字形为"加粗"，字号为 44，颜色为"标准色-红色 RGB(255,0,0)"。

3. 插入第三张幻灯片，设置幻灯片版式为"空白"，并进行如下设置：插入一个横排文本框，设置文字内容为"请您爱护我，就像爱护您的儿女！"，颜色为"标准色-紫色 RGB(112,48,160)"。

4. 设置第二张幻灯片中的文本超级链接到"最后一张幻灯片"。

附录 A

思考与练习参考答案

第1章　思考与练习答案

一、判断题答案

1. Y	2. Y	3. N	4. N	5. Y	6. Y	7. Y	8. Y	9. N	10. N
11. N	12. Y	13. N	14. Y	15. N	16. Y	17. N	18. Y	19. N	20. N
21. Y	22. N	23. N	24. Y	25. Y	26. N	27. N	28. N	29. Y	30. N
31. Y	32. Y	33. N	34. Y	35. Y	36. N	37. Y	38. N	39. N	40. N

二、单选题答案

1. D	2. C	3. C	4. B	5. B	6. B	7. D	8. B	9. A	10. C
11. B	12. A	13. A	14. D	15. C	16. C	17. A	18. B	19. A	20. C
21. D	22. B	23. B	24. A	25. C	26. C	27. D	28. B	29. B	30. C
31. C	32. B	33. A	34. A	35. D	36. C	37. A	38. B	39. C	40. B

第2章　思考与练习答案

一、判断题答案

1. Y	2. Y	3. Y	4. N	5. N	6. Y	7. Y	8. Y	9. N	10. N
11. N	12. N	13. N	14. Y	15. Y	16. Y	17. Y	18. Y	19. N	20. N
21. N	22. N	23. N	24. N	25. Y	26. N	27. Y	28. N	29. Y	30. Y
31. Y	32. Y	33. Y	34. Y	35. N	36. Y	37. Y	38. N	39. Y	40. N

二、单选题答案

1. D	2. B	3. C	4. C	5. C	6. B	7. A	8. B	9. C	10. D
11. A	12. D	13. A	14. D	15. A	16. D	17. A	18. D	19. B	20. A
21. C	22. A	23. B	24. A	25. C	26. A	27. C	28. A	29. D	30. A
31. A	32. B	33. A	34. D	35. B	36. C	37. B	38. A	39. B	40. A

三、中英文打字答案

略

四、Windows 操作题答案

(Windows 操作题的结果素材详见【思考和练习 操作题】|【第2章】文件夹内)

第3章 思考与练习答案

一、判断题答案

1. Y 2. Y 3. N 4. N 5. N 6. Y 7. Y 8. N 9. N 10. N
11. Y 12. N 13. N 14. N 15. Y 16. N 17. Y

二、单选题答案

1. D 2. B 3. C 4. A 5. B 6. B 7. D 8. A 9. C 10. A
11. C 12. D 13. B 14. C 15. C 16. B 17. C 18. C 19. B 20. C
21. C

第4章 思考与练习答案

一、判断题答案

1. N 2. N 3. Y 4. Y 5. N 6. Y 7. Y 8. N 9. N 10. N
11. N 12. N 13. N 14. Y 15. N

二、单选题答案

1. C 2. A 3. B 4. D 5. C 6. C 7. D 8. B 9. A 10. B
11. C 12. D 13. A 14. C 15. D 16. C 17. D 18. D 19. C

三、Word 操作题答案

(Word 操作题的结果素材详见【思考和练习 操作题】|【第4章】文件夹内)

第5章 思考与练习答案

一、判断题答案

1. N 2. Y 3. N 4. N 5. Y 6. Y 7. N 8. N 9. Y 10. N
11. Y 12. Y 13. N 14. N 15. Y 16. N 17. N 18. N 19. Y 20. N
21. N 22. Y 23. N 24. N 25. N 26. N 27. N 28. Y 29. N 30. N

二、单选题答案

1. D 2. C 3. B 4. D 5. C 6. D 7. C 8. C 9. B 10. A
11. C 12. A 13. C 14. A 15. D 16. B 17. B 18. C 19. C

第6章 思考与练习答案

一、判断题答案

1. N　　2. N　　3. N　　4. Y　　5. Y　　6. N　　7. Y　　8. Y　　9. Y　　10. Y

11. N　　12. Y　　13. N　　14. N　　15. N　　16. Y　　17. N　　18. Y　　19. Y　　20. N

21. N　　22. Y　　23. N　　24. N　　25. N　　26. Y　　27. Y　　28. N　　29. N

二、单选题答案

1. A　　2. B　　3. C　　4. B　　5. B　　6. D　　7. D

第7章 思考与练习答案

一、判断题答案

1. N　　2. N　　3. Y　　4. Y　　5. N　　6. Y　　7. N

二、单选题答案

1. D　　2. A　　3. D　　4. B　　5. D　　6. C　　7. A　　8. A　　9. A　　10. D

三、Excel 操作题答案

(Excel 操作题的结果素材详见【思考和练习 操作题】|【第 7 章】文件夹内)

第8章 思考与练习答案

一、判断题答案

1. Y　　2. Y　　3. N　　4. Y　　5. N　　6. Y　　7. N　　8. Y　　9. N　　10. N

二、单选题答案

1. B　　2. C　　3. B　　4. D　　5. B

第9章 思考与练习答案

一、判断题答案

1. N　　2. Y　　3. Y　　4. Y　　5. Y　　6. Y　　7. Y　　8. N　　9. Y

二、单选题答案

1. C　　2. C　　3. D　　4. B　　5. A　　6. A　　7. B　　8. A　　9. B　　10. D

三、PowerPoint 操作题答案

(PowerPoint 操作题的结果素材详见【思考和练习 操作题】|【第 9 章】文件夹内)

第 10 章　思考与练习答案

一、判断题答案

1. Y　　2. N　　3. Y　　4. Y　　5. N　　6. N　　7. Y　　8. N　　9. N　　10. N

二、单选题答案

1. B　　2. A　　3. D　　4. B　　5. B　　6. C　　7. A

模拟试卷参考答案

模拟试卷一答案

一、判断题答案

1. Y　2. Y　3. N　4. Y　5. Y　6. N　7. Y　8. Y　9. N　10. N
11. Y　12. N　13. N　14. Y　15. Y

二、单选题答案

1. B　2. B　3. B　4. A　5. B　6. C　7. B　8. C　9. C　10. D
11. C　12. D　13. B　14. A　15. D　16. A　17. A　18. D　19. A　20. D

三、中英文打字答案(略)

四、Windows 操作题答案(略)

五、Word 操作题答案(略)

六、 Excel 操作题答案(略)

七、PowerPoint 操作题答案(略)

(Word、Excel、PowerPoint 操作题的结果素材详见【模拟试卷一】文件夹内)

模拟试卷二答案

一、判断题答案

1. N　2. N　3. Y　4. Y　5. Y　6. Y　7. Y　8. N　9. N　10. N
11. N　12. N　13. N　14. Y　15. N

二、单选题答案

1. A　2. D　3. B　4. C　5. C　6. D　7. B　8. D　9. C　10. C
11. A　12. B　13. C　14. B　15. B　16. D　17. C　18. B　19. B　20. A

三、中英文打字答案(略)

四、Windows 操作题答案(略)

五、Word 操作题答案(略)

六、Excel 操作题答案(略)

七、PowerPoint 操作题答案(略)

(Word、Excel、PowerPoint 操作题的结果素材详见【模拟试卷二】文件夹内)

模拟试卷三答案

一、判断题答案

1. N 2. N 3. N 4. N 5. Y 6. N 7. Y 8. N 9. Y 10. Y
11. N 12. Y 13. Y 14. Y 15. N

二、单选题答案

1. A 2. D 3. A 4. A 5. B 6. A 7. C 8. C 9. D 10. A
11. B 12. C 13. C 14. D 15. C 16. D 17. B 18. B 19. C 20. C

三、中英文打字答案(略)

四、Windows 操作题答案(略)

五、Word 操作题答案(略)

六、 Excel 操作题答案(略)

七、PowerPoint 操作题答案(略)

(Word、Excel、PowerPoint 操作题的结果素材详见【模拟试卷三】文件夹内)

模拟试卷四答案

一、判断题答案

1. Y 2. Y 3. Y 4. N 5. Y 6. Y 7. N 8. Y 9. N 10. N
11. N 12. Y 13. N 14. N 15. Y

二、单选题答案

1. D 2. C 3. C 4. B 5. A 6. D 7. A 8. C 9. B 10. B
11. D 12. D 13. C 14. C 15. A 16. B 17. A 18. B 19. D 20. A

三、中英文打字答案(略)

四、Windows 操作题答案(略)

五、Word 操作题答案(略)

六、　Excel 操作题答案(略)

七、PowerPoint 操作题答案(略)

(Word、Excel、PowerPoint 操作题的结果素材详见【模拟试卷四】文件夹内)

模拟试卷五答案

一、判断题答案

1. Y　2. Y　3. Y　4. N　5. N　6. Y　7. Y　8. N　9. N　10. N
11. N　12. N　13. N　14. Y　15. N

二、单选题答案

1. A　2. B　3. A　4. B　5. B　6. D　7. B　8. B　9. D　10. B
11. C　12. D　13. D　14. A　15. D　16. B　17. A　18. D　19. C　20. C

三、中英文打字答案(略)

四、Windows 操作题答案(略)

五、Word 操作题答案(略)

六、　Excel 操作题答案(略)

七、PowerPoint 操作题答案(略)

(Word、Excel、PowerPoint 操作题的结果素材详见【模拟试卷五】文件夹内)